变！变！变！
海洋生物
成长大变身！

# 我是谁的孩子？

[日] 铃木香里武 著　　[日] 友永太吕 绘

梁 夏 译

U0240939

北京科学技术出版社
100 层童书馆

# 引言

　　我出生后不久，父母就经常带我去海边。从那时起，我和海洋生物亲近起来。我在不知不觉中被它们吸引，成了一名**岸壁采集家**。我在海边邂逅各种海洋生物，在鱼缸里饲养它们，观察它们的成长……其中最让我痴迷的就是海洋生物奇妙的成长过程。有的生物随时都在变换身体的颜色和花纹，有的甚至会完全改变身体的构造……

　　本书主要通过**"变态""变身""变奇特"**这3个主题来讲述海洋生物在成长过程中发生的令人吃惊的变化和它们独特的生态。

　　当你翻开本书，书中的生物便会向你讲述它们独特的故事。在我们人类看来不可思议的生态，对它们来说都有着重要的意义。**这些极具戏剧性又动人的故事，**

凝结了它们的智慧和为了生存所做的努力。

　　跟随书中的故事，你将看到海洋生物成长过程中身体构造和形态上可爱的"变态"，通过生物外观上的"变身"走进它们的内心世界，最后肯定会对它们奇特的造型和另类的生活方式产生浓厚的兴趣。

　　让我们以这3个主题为切入点，一起来看一看"海洋居民"的奇妙成长史吧！

**铃木香里武**

# 海洋生物其实也会变态

【变态】生物在成长过程中身体构造和形态发生显著变化的现象。本书介绍的生物在变态发育过程中会发生许多有趣的故事。要注意，这里的"变态"和用来形容那种奇怪的人的"变态"可不是一个意思。

## 成长过程中经历变态发育的可不只有昆虫哟！

生物在成长过程中身体构造和形态发生显著变化的现象叫作"变态"。

比如凤蝶科的昆虫，幼虫靠啃食树叶为生，过一段时间就会化蛹，之后羽化为成虫。成虫有翅膀，以吮吸花蜜为生。这种戏剧性的变化可真令人吃惊！

其实，海里也有很多生物有变态发育过程。

# 三大类海洋生物

## 浮游生物

没有或仅有微弱的游泳能力，只能漂浮在海水中生活。

## 游泳生物

能够凭借自己的力量在海水中自由自在地游来游去。

## 底栖生物

生活在海底，栖息于泥沙中或固着于岩石上等。

浮游生物

游泳生物

底栖生物

　　海洋生物按生活方式主要分为三大类。在海水中随波逐流的是浮游生物，可以自由自在地在海水中游来游去的是游泳生物，在海底爬行、潜居或营固着生活的是底栖生物。从浮游生物或游泳生物变为底栖生物的过程叫作"着底"。

　　大部分海洋生物的生活方式会随着成长而改变，因此，它们住的地方、吃的东西和其他生物的关系都会发生变化。随着生活方式改变，身体构造和形态也需要改变，只有这样才能更好地适应环境、保护自己。

　　在本书中，我们把海洋生物在成长过程中，随着生活方式的改变而在身体构造和形态上发生显著变化的现象称为"变态"。让我们一起看看海洋生物让人大吃一惊的变态魔法吧！

**生活方式改变，身体构造和形态也发生显著变化。这就是变态！**

## 海里有些鱼变身前后简直『判若两鱼』

【变身】生物在成长过程中，身体的基本构造没有发生改变，但外观发生显著变化的现象。有的生物还会改变性别。和电影中会变身的英雄不同，海洋生物不一定会变得帅气，有时甚至会变得面目全非。

有些鱼虽然不会变态，但是长大后的样貌和小时候大不相同。

我们人类在成长过程中身体虽然会变大，但外貌一般不会发生巨大的变化。

**但是对海中的很多鱼来说，成长不仅意味着身体变大，也意味着样貌发生巨大变化，它们变身前后简直"判若两鱼"。**

各种各样的鱼在海里施展它们的变身"戏法"，有的会完全改变身体的颜色和花纹，有的头上会长出角或者突起，有的甚至会改变性别……

**猜一猜**

**？**

## 哪个才是我的孩子？

右边的图片中，上边的是爸爸妈妈，下边的是孩子，你能把它们对应起来吗？

快去书里寻找答案吧！

成体的样子

我的孩子有一张樱桃小嘴！

**长棘毛唇隆头鱼**

**答案见第 84 页**

幼体的样子

A

这些鱼变身主要是为了保护自己。这里要提到一个重要的概念——"拟态"。拟态指的是模仿其他的生物，或者像玩捉迷藏一样将自己和周围环境融为一体。很多鱼都是靠拟态来度过幼年时期的。

体形小、行动能力弱的幼鱼为了躲避敌人的捕食和攻击，会运用变身术，从而在弱肉强食的海洋环境中生存下来。

在本书中，**我们把幼鱼成长为成鱼的过程中外观发生显著变化甚至改变性别的现象称为"变身"**。让我们一起看一看它们神奇的变身术吧！

成长过程中外观或性别会发生变化。
这就是变身！

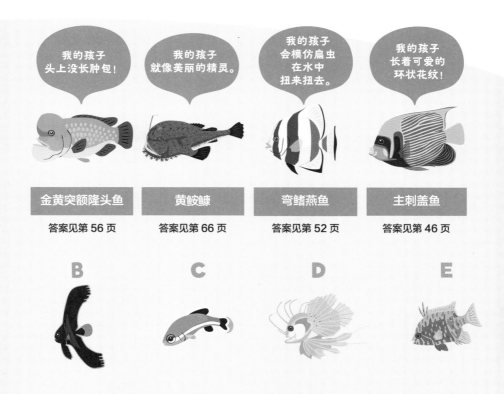

答案见第 56 页

答案见第 66 页

答案见第 52 页

答案见第 46 页

有的海洋生物很奇特

答案见第106页

自己和同伴的身体会缠在一起！

答案见第94页

有时是雄鱼，有时是雌鱼！

答案见第128页

两只眼睛"飞"了出来！

答案见第96页

肠子跑到了身体外面！

【变奇特】许多海洋生物的生活习性和行为方式都十分奇特、另类，有的让人忍俊不禁，有的令人忍不住惊呼："什么啊这都是？"这些奇特的海洋生物中，有些具有令人赞叹的特殊能力，有些有着感人肺腑的故事。

## 为了在大海中生存而不断演化！

大海是美丽而残酷的。

在海里生活的生物稍不留神就会被吃掉，想要生存和繁衍可没那么容易。

为了在严酷的环境中生存下去，它们不能都采用相同的生活方式。

如果它们都吃同一种食物，那么食物很快就会被吃光。如果它们都藏在同一个地方，那么一旦被敌人发现，就会被一网打尽。

猜一猜

？

来追踪奇特的生物吧！

海报上这些奇特的生物都是什么？快去书中寻找答案，揭开它们的神秘面纱吧！

答案见第116页

能发出古琴音！

答案见第132页

能模仿海藻！

答案见第102页

雄性负责生宝宝！

答案见第108页

喜欢用贝壳装饰自己的螺壳！

因此，在漫长的岁月中，它们摸索出了独特的生活方式。它们选择的生活方式都是适合自己且充满魅力的。

海洋生物不可思议的特征都是它们为了生存而演化的结果。

这些看起来奇特的生活习性和行为方式，都是它们智慧和努力的结晶。

海洋生物奇特的造型有时令人忍俊不禁，有时又令人瞠目结舌。一起来品味它们动人的故事吧。

**欢迎来到充满欢笑与感动的奇妙的海洋世界！**

# 目录

第2章 变身

我们会变得和从前"判若两鱼" … 45

**激动人心！岸壁采集指南**

**第3章 变奇特**

我们的造型和习性 **有些奇特** ·········· 93

**特别任务**

# 第1章 变态

## 我们在海里变换形态

相信大家都听说过昆虫的变态，
那你听说过海洋生物的变态吗？
本章将为大家介绍海洋生物不为人知的变态过程！
随着生活方式的改变，它们的身体会发生怎样的变化呢？
一起来看一看吧！

翻翻看！翻页动画①

捕食中的裸海蝶

# 裸海蝶*

变态等级 🐟🐟🐟

我小时候可是有贝壳的

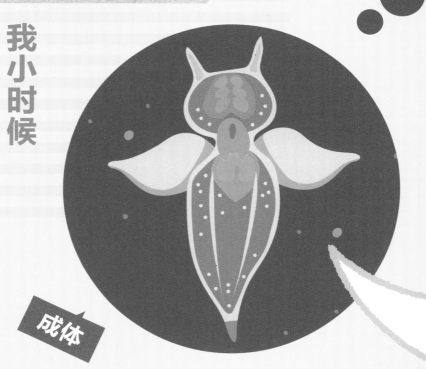

成体

| 中文学名 | 裸海蝶 | 大 小 | 体长 2～4 cm |
|---|---|---|---|
| 分 类 | 腹足纲翼足目海若螺科 | 分布范围 | 日本东北地区、北极圈周围的北太平洋－北大西洋海域 |

生物档案

　　裸海蝶又被称为"冰海天使"。别看裸海蝶能够在海里轻盈地游来游去，其实它们和海螺一样，是**腹足类动物**。裸海蝶在成长过程中会发生变态：外壳逐渐退化，身体构造变得更加适合游动。而且在成年后，它们也会大变身。在捕食最爱吃的贝类（蟥螺）时，裸海蝶的头部会裂开，从中快速伸出口锥，从"天使"摇身一变成为"恶魔"。

＊ 关于裸海蝶的知识由东京农业大学生物产业学部教授中川至纯审订。

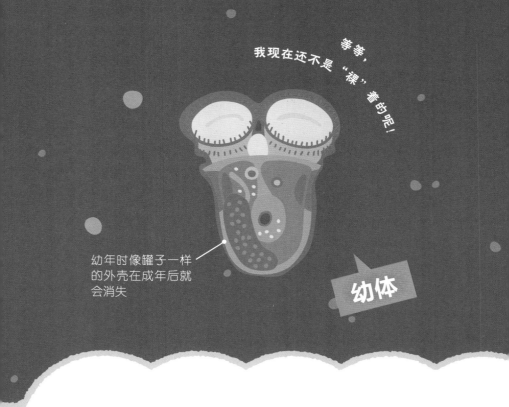

等等，我现在还不是"裸"着的呢！

幼年时像罐子一样的外壳在成年后就会消失

**幼体**

真讨厌，我一点儿都不喜欢裸海蝶这个名字。**毕竟我出生的时候是长着外壳的，叫我裸海蝶也太不合适了。**

不过，**带着重重的壳行动实在太不方便了，所以成年以后我就把外壳脱掉了。**

我很喜欢"冰海天使"这个名字。看来人类也发现了我的魅力，在水族馆我的人气一直很高。因为我随时都在被人类观赏，所以必须时刻保持优雅和风度。**啊！那是我最爱吃的蜗螺！** 不好……要失去理智了……

# 第1章 变态

## 裸海蝶 变态 过程大揭秘！

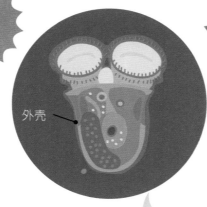

外壳

第1形态

刚孵化的裸海蝶长着罐子一样的外壳，这一时期的它们被称作"面盘幼虫"。体长 0.1 ~ 0.15 mm。

第2形态

约两周后，面盘幼虫的外壳就会消失，变为多毛轮幼虫，靠摆动体表细小的纤毛在水中游动。体长约 0.5 mm。

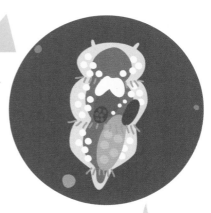

### 裸海蝶的变态

裸海蝶变态前后最大变化是外壳会随着成长逐渐消失。它们是为了更加自如地在海里游动才选择丢掉外壳的。此外，成长过程中它们的食性也会发生变化，它们在第1形态时期以浮游植物为食，到了第2形态时期则会变成肉食性生物。

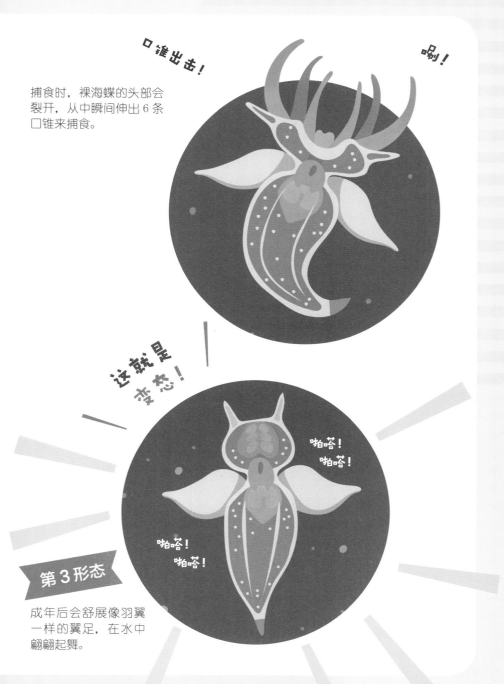

捕食时，裸海蝶的头部会裂开，从中瞬间伸出 6 条口锥来捕食。

口锥出击！

嘲！

这就是变态！

第 3 形态

成年后会舒展像羽翼一样的翼足，在水中翩翩起舞。

啪嗒！啪嗒！

啪嗒！啪嗒！

# 蠕纹裸胸鳝

变态等级

我小时候
身体是透明的

**成体**

| 中文学名 | 蠕纹裸胸鳝 |
|---|---|
| 分　　类 | 辐鳍鱼纲鳗鲡目海鳝科 |
| 大　　小 | 全长约 80 cm |
| 分布范围 | 除琉球群岛以外的日本南部、朝鲜半岛、中国东南沿海的岩礁区 |

**生物档案**　海鳝科、鳗鲡科、康吉鳗科等鳗鲡目鱼类的仔鱼被称作**"柳叶鳗"**，拉丁名为 leptocephalus，意思是"纤细的头部"。和头部相比，这一时期**仔鱼的身体宽而扁平，通体透明，看起来就像叶片标本一样**。我曾在夜晚的渔港发现了一条细长的柳叶鳗，不知道它是谁的孩子，看上去既不像鳗鲡科也不像康吉鳗科的鱼。我把它带回家养了起来，结果它长成了蠕纹裸胸鳝，我因此留下了宝贵的观察记录。

好想快点儿长大，拥有结实的身体！

幼体

　　**不**要一直盯着我嘛！虽然我已经习惯了大家羡慕的目光，但是你这样盯着我，我还是会害羞的。什么？你说不是羡慕的目光，而是害怕的目光？哈哈哈，是因为我长得太结实吓到你了吗？

　　**其实我也曾漂泊不定，那时我的身体透明扁平，只能在浩瀚的大海中随波逐流……**如今的我有着结实的身体，栖息于岩石的缝隙中，觉得踏实又安全，但那段漂泊的时光也是我闪耀青春的一部分。正是因为那段时光，才有了现在充满自信的我。所以你也要相信自己哟……

　　等等，我还没说完呢。你听我继续说嘛！

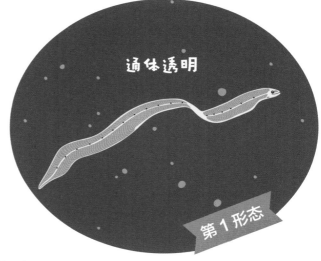

能清晰地看到骨骼!

通体透明

蠕纹裸胸鳝 变态 过程大揭秘!

第1形态

柳叶鳗时期的它们身体透明扁平,形状像粗粗的面条一样。不仅能顺着水流漂荡,还能大幅度扭动身体来游动。身体侧面有一排黑色的斑点。全长约 11 cm。

 蠕纹裸胸鳝的变态

　蠕纹裸胸鳝的变态是由生活习性的变化引起的。柳叶鳗时期身体扁平是为了增加和水的接触面积,也就是增加浮力,这样就能随着海水漂流,从而节省体能;通体透明则是为了不被敌人发现。而成鱼需要生活在岩石的缝隙中,于是就有了结实的身体。

8

这就是变态！

第3形态

成鱼身体变粗，体色变为黑褐色，体表的斑纹变得更复杂。它大大的嘴里长着尖利的牙齿。

又细又长

幼鱼体色变为褐色，身体细长，和成鱼相近，体表长出深浅不一的斑纹。虽然大多数鱼类随着成长身体会变大，但鳗鲡目的鱼却会先变细。全长约 11 cm。

第2形态

# 翻车鲀

变态等级

我小时候浑身是刺

成体

| 中文学名 | 翻车鲀 |
|---|---|
| 分 类 | 辐鳍鱼纲鲀形目翻车鲀科 |
| 大 小 | 全长最大约 3.3 m |
| 分布范围 | 全球温带至热带外海表层水域，在日本分布于北海道至九州 |

**生物档案**

　　提到翻车鲀，很多人脑海中都会浮现出它们滑溜溜的身体和悠闲游动的样子，但翻车鲀小的时候，**长得简直就像一个刺球**。稚鱼游泳能力很弱，要靠浑身的刺来保护自己。**翻车鲀是鱼类中的产卵冠军，雌鱼在一个繁殖季里可以产下约 3 亿粒卵。**不过即使这样，海里的翻车鲀也没有泛滥，这是因为它们的大部分卵和幼鱼都会被敌人吃掉，能顺利长大的只有一小部分。

10

别看我现在是这个样子，**小时候我可浑身长满了刺。我觉得这样就能震慑住其他的鱼了，**毕竟我根本打不过它们啊。**为了不被吃掉，我不得不虚张声势来保护自己。**

　　不过，即使这样，我还是可能被吃掉。这些刺根本就没有用！大概是因为我小时候体形太小了，根本就吓不到其他的鱼吧。

　　幸运的是，我顺利地长大了。本以为长大以后就没什么可害怕的了，**可现在的我竟然为小小的寄生虫所困扰。**唉……

# 变态

## 翻车鲀 变态 过程大揭秘！

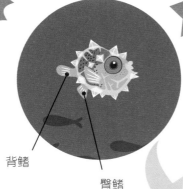

身体呈球形，全身被刺覆盖，像一个刺球。身体后侧长有背鳍和臀鳍。全长约 5 mm。

背鳍

臀鳍

身体纵向生长，体形变大后身上的刺就显得小了。没有尾鳍，取而代之的是类似尾鳍的舵鳍。全长约 1.5 cm。

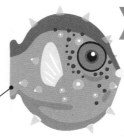

舵鳍

### 翻车鲀的变态

　　浑身是刺的"球"后来变得又扁又平。更神奇的是，它们在第 3 形态时期腹部会急遽膨胀，而伴随着成长，腹部又会变扁。而且翻车鲀没有大多数鱼类都有的尾鳍，取而代之的是用来控制方向的舵鳍。为了在游泳时保持平衡，翻车鲀有着发达的背鳍和臀鳍，它们对称地长在身体的上下两侧。

鼓胀起来的腹部又瘪了下去，背鳍和臀鳍变长，舵鳍变得十分发达。

这就是变态！

第4形态

第3形态

身上的刺大部分消失不见，腹部鼓胀得像吹起来的气球。舵鳍和背鳍、臀鳍相连。全长约 6 cm。

鼓鼓胀胀！

# 棘绿鳍鱼

我小时候灰头土脸，长大后五彩斑斓

成体

| 中 文 学 名 | 棘绿鳍鱼 |
|---|---|
| 分　　类 | 辐鳍鱼纲鲉形目鲂鮄科 |
| 大　　小 | 全长最大约 40 cm |
| 分 布 范 围 | 日本北海道至九州、朝鲜半岛、中国东海和南海的沙质海底 |

生物档案

　　棘绿鳍鱼虽然**会舒展翅膀一样的胸鳍在海底行走**，但它并不是昆虫，而是名副其实的鱼类。稚鱼漂浮在海面附近，每年早春时节人们经常能在渔港看到它们的身影。**像昆虫的足一样的鳍条前端有可以感知气味的器官**。它们一边在沙地上移动，一边寻找甲壳类、贝类、沙蚕等食物。它们由于身体两侧长着漂亮的绿色的胸鳍而被命名为"绿鳍鱼"。

我的"翅膀"和"足"都还不发达。

幼体

　　**我**才不是昆虫呢！我可是货真价实的鱼类。昆虫都长着翅膀，而我有令人自豪的胸鳍。**我的胸鳍颜色鲜艳，还能像翅膀一样舒展。**昆虫虽然会飞，但只能降落到地面上。而我既能游泳，又能在海底着陆。啊，不过小时候的我可不是这样的！**小时候的我灰头土脸的，在海里浮游。**

　　此外，昆虫身体两侧长着 3 对足。再看看我。**我的 3 对"足"的前端可以感知气味，**我不仅能用"足"在海底行走，还能用"足"来寻找食物。咦，难道我真的是昆虫？

# 棘绿鳍鱼 变态 过程大揭秘！

**通体漆黑！**

第1形态

日后会特化为
昆虫的足一般
的鳍条

稚鱼过着浮游生活，通体漆黑。
胸鳍向上伸展，日后将特化为
昆虫的足一般的鳍条目前还不发
达。全长约 1.5 cm。

## 棘绿鳍鱼的变态

　　过着浮游生活的稚鱼为了让自己不显眼，所
以通体漆黑。伴随着成长，棘绿鳍鱼的胸鳍会像
翅膀一样逐渐舒展开来，一部分鳍条会变得如同
昆虫的足一样，并转移到海底生活。成鱼有色彩
鲜艳的胸鳍，受到攻击时，会展开胸鳍来吓跑敌人。
随着生活方式的改变，棘绿鳍鱼的身体构造和保
护自己的方法也发生了变化。

这就是
变态！

## 第 3 形态

成鱼的体色大部分
变成红色，胸鳍呈
鲜艳的绿色且镶着
一圈蓝边。

## 第 2 形态

幼鱼的部分鳍条变得如同昆虫的
足一样，胸鳍向身体两侧伸展，
并开始底栖生活。体色仍为黑色，
但胸鳍内侧开始长出蓝色的斑点。
全长约 4 cm。

# 鳞突拟蝉虾

变态等级

我曾驾驭
水母驰骋海洋

成体

| 中文学名 | 鳞突拟蝉虾 |
| --- | --- |
| 分　　类 | 软甲纲十足目蝉虾科 |
| 大　　小 | 体长 30 cm |
| 分布范围 | 日本相模湾以南、印度洋－西太平洋海域 |

**生物档案**　　包括鳞突拟蝉虾在内的蝉虾科的部分幼体会乘着水母移动，**所以被称作"水母骑手"**。水母不仅仅是它们的坐骑，有时也是它们的食物。不得不说，它们可真是占尽便宜啊！长大后的**鳞突拟蝉虾昼伏夜出**，白天躲在岩石后面，到了晚上就外出寻找食物。它们之所以叫蝉虾，是因为成体的样子很像蝉。虽然不像龙虾那样出名，但蝉虾也是可口的高档食材。

＊ 关于鳞突拟蝉虾的知识由日本广岛大学大学院统合生命科学研究科副教授若林香织审订。

闪开，闪开！
快给"水母骑手"让路！

幼体

我来讲一讲我年少轻狂的往事吧。曾经的我是个威风的骑手，经常和伙伴们一起在深夜的海面上驰骋。**海月水母就是我的坐骑，**虽然它游得超慢，但总比我自己游要轻松得多。别的海洋生物都只能靠自己，我和它们可不一样。

长大以后，我收敛了许多。虽然比起别的海洋生物，我看起来还是个性张扬，**但我已经放弃了我的坐骑，开始脚踏实地地前进。**

不过，年轻时的叛逆在我的内心深处留下了烙印——我白天在家里无所事事地睡大觉，晚上才是我出去玩的时间。

# 鳞突拟蝉虾 变态 过程大揭秘！

**第 1 形态**

这一时期的幼体被称作"叶状幼体"，身体透明、扁平，营浮游生活，也会乘着水母移动。

 **鳞突拟蝉虾的变态**

　　叶状幼体身体扁平，眼睛突出，简直就像外星生物。这一时期鳞突拟蝉虾的身体构造便于顺着水流漂荡，即使不依附于水母也能营浮游生活。由于饲养难度较大，鳞突拟蝉虾是如何由叶状幼体经过变态发育进入下一时期的，至今还是未解之谜。成年后，鳞突拟蝉虾的体色和体形会变得和岩石相近，以便更好地融入周围环境。

这就是变态！

尾部折叠在腹侧

第3形态

成体有着结实的红褐色身体，营底栖生活。除了突然发力游动时，蝉虾都会将尾部折叠在腹侧，在海底行走。

这个时候的我通体透明。

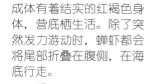

第2形态

由浮游生活转为底栖生活前的这段时期的幼体被称作"蝉虾幼体"。此时它们的外观虽然已经和成体很像了，但身体仍是透明的。体长约 3.5 cm。

# 海月水母

变态等级

我小时候长在岩石上

成体

| 中文学名 | 海月水母 |
|---|---|
| 分　类 | 钵水母纲旗口水母目洋须水母科 |
| 大　小 | 伞状体直径 10 ~ 30 cm |
| 分布范围 | 全世界均有分布，在日本分布于北海道至冲绳海域 |

生物档案

　　每到夏天，渔港附近就会出现大量的海月水母。它们的触手很短，虽然不是危险的水母，但也有毒。如果它们碰到你皮肤娇嫩的地方，你就会有痛感，因此，即使发现了海月水母也不要去触碰它们。它们没有心脏，而是通过伞状体的开合将营养和氧气输送到全身，也就是说，整个伞状体就像心脏一样。虽然海月水母身体 95% 以上的成分都是水，但它们身体的各部位各司其职，没有多余的构造。

幼体

♪ 这是哪里?我是谁?
**从前我转着圈游来游去,**
**一不留神我就长在了岩石上。**
你问我是植物吗?
不是,我是浮游动物。

♪ 这是哪里?我是谁?
**我会分身术。**
**我会在岩石上**
**把自己分成好多好多个。**

你问我是动物吗?
没错,我是浮游动物。

♪ 即使被蝉虾当成坐骑,
即使被小鱼欺负,
我也没有怨言,
我也不会逃避。
我在海里漂来漂去,
**没错,我是浮游动物。**
**我是水灵灵的海月水母。**

23

# 海月水母 变态 过程大揭秘！

第1章
变态

## 第1形态

这一时期是浮浪幼体时期。浮浪幼体呈椭圆形，能通过摆动身体表面细小的纤毛来转动。体长约 0.2 mm。

转啊，转啊……

**我可以附着在岩石上！**

## 第2形态

这一时期是钵口幼体时期。浮浪幼体附着在岩石上后，就会变成像海葵一样的水螅体。水螅体会用长长的触手来捕食浮游生物。体长约 2 mm。

我贴！

### 海月水母的变态

海月水母虽然是动物，有一段时间却生长在岩石上。如果用植物来打比方，水螅体时期就是花苞阶段，而横裂体时期就是开花阶段。不过，有趣的是，海月水母的"花瓣"脱落后能游向大海。成体通过有性生殖繁殖出浮浪幼体，水螅体和横裂体则通过无性生殖来复制自己。

成体是水母体，呈伞状，伞缘排列着细长的触手。中间马蹄形的东西就是产生生殖细胞的器官——生殖腺（位于胃囊底部），通常有 4 个，偶尔更多。

**第 5 形态**

我又可以漂来漂去啦！

**第 4 形态**

我可以通过分身术复制自己！

**第 3 形态**

横裂体前端的"花瓣"一个接一个地脱落，变成碟状幼体。碟状幼体有 8 条分叉的触手，以浮游生物为食。体长约 5 mm。

这一时期是横裂体时期。这一时期的海月水母触手缩短，变得像好多层花瓣拢在一起。"花瓣"的层数会不断增加。体长约 5 mm。

# 紫海胆*

变态等级

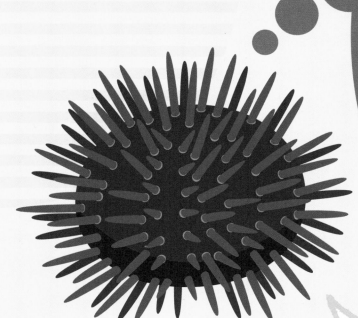

我小时候可不是浑身是刺

成体

| 中文学名 | 紫海胆 |
| --- | --- |
| 分类 | 海胆纲拱齿目长海胆科 |
| 大小 | 外壳直径约 5 cm |
| 分布范围 | 日本秋田县至九州、中国东南地区的沿岸海域 |

生物档案

　　看到海胆时，我们往往最先注意到它们浑身的刺。**其实，海胆的刺之间长着很多像脚一样的管足**，管足前端像吸盘一样具有吸附性，海胆就是利用管足来行走的。**海胆的身体呈五辐射对称**，口位于身体与地面接触的那一侧（口面，与之相对的是反口面）的中央。也就是说，海胆没有通常所说的"脸"，所以人们一直认为海胆的身体没有正面和反面之分。其实海胆的身体是分正反面的，身体正面和反面刺的长度有所不同。

＊ 关于紫海胆的知识由日本广岛大学分子遗传学研究室副教授坂本尚昭审订。

我将来会变成一个刺球！

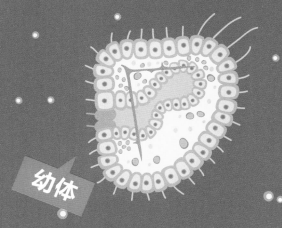

幼体

　　**你**一定觉得我就是一个圆圆的刺球吧！**其实我小时候像饭团一样，呈三角形**，后来才逐渐变成了现在的模样。

　　**还有，虽然看上去圆圆的，但其实我是五边形的**，只是浑身被刺覆盖，所以你才看不清楚。我的身体和海星一样，也是呈五辐射对称的。

　　啊！你一定觉得我不分正反面吧！错了！**我可是分正面和反面的！** 我才不是在漫无目的地胡乱徘徊呢！

# 紫海胆 变态 过程大揭秘！

## 能看到骨针

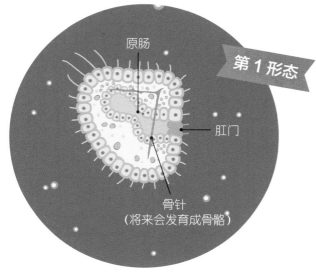

第1形态

原肠

肛门

骨针
（将来会发育成骨骼）

这时的紫海胆就像三角饭团，被称作
"棱柱幼虫"。体内被称为原肠的袋
状器官不久后会从肛门处向身体另
一侧延伸形成口。此时骨针也开始
发育，将来会发育成骨骼。体长约
0.15 mm。

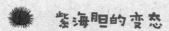

### 紫海胆的变态

　　紫海胆的身体构造会在短时间内发生肉眼可见
的变化，十分易于观察。因此，在很多学校的实验
课中，紫海胆经常被当作观察对象。实验的主要内
容是观察受精卵的分裂过程，但其实这之后的变态
过程也十分有趣。口逐步形成的过程，以及从胚胎
时的球形到三角形再到浑身是刺的样子，这一系列
的变化都让人不禁感叹生命的神奇。

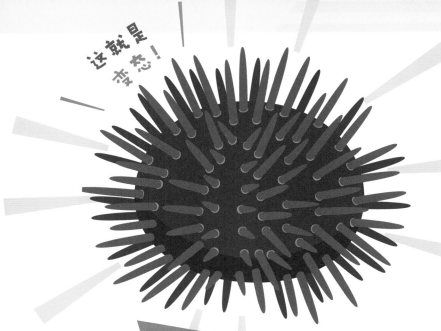

这就是变态！

第3形态

成体全身长满了黑紫色的刺。口位于口面的中央；而肛门正好相反，位于反口面的中央。附着在岩石上生活。

腕逐渐增多

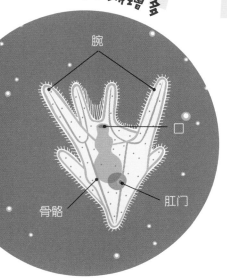

腕

骨骼

□

肛门

第2形态

这一时期的紫海胆逐渐长出腕，被称作"长腕幼虫"。长腕幼虫漂浮在海中，以浮游植物为食。体长 0.2 ~ 0.8 mm。

# 真海鞘*

变态等级 🐟🐟🐟

**成体**

我小时候会摆着尾巴游来游去

| 中文学名 | 真海鞘 |
|---|---|
| 分　　类 | 海鞘纲复鳃目腕海鞘科 |

| 大　　小 | 体长最大约 15 cm |
|---|---|
| 分布范围 | 日本海和日本东北地区太平洋沿岸至伊势湾、大阪湾、濑户内海沿岸海域 |

**生物档案**

　　真海鞘看上去就像一株表面凹凸不平的植物，但它们确实是动物。它们不仅有心脏，还有其他各种各样的器官。真海鞘是一种广为人知的海鲜（被称作**"海菠萝"**），是十分珍奇的食材，吃真海鞘能让人品尝到甜味、咸味、酸味、苦味、鲜味这 5 种味道。它们能够通过开合十字形的入水孔将海水吸入体内，然后吃掉海水中的浮游生物及其残骸，所以**有净化海水的能力。**

＊ 关于真海鞘的知识由日本海洋森林水族馆的工作人员神宫润一审订。

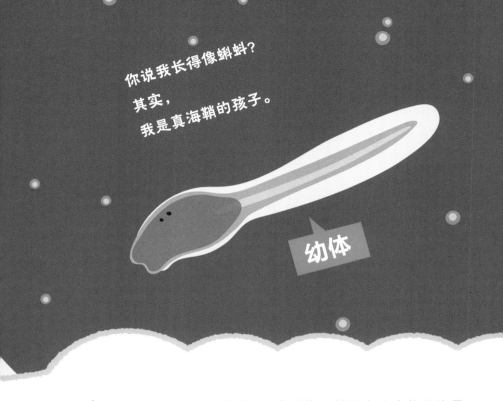

你说我长得像蝌蚪？

其实，

我是真海鞘的孩子。

**幼体**

　　有些人可真奇怪。我明明看起来就像一件没有生命的装饰品，却还是有人想把我当成盘中餐。海里明明还有很多可口的生物，**但总有人想吃掉长得像奇特古董的我。**

　　嗯？你问我是不是从出生起就长成这个样子？才不是呢。**别看我现在这样，从前的我可是长着尾巴，能在海里游来游去呢。**后来，当我附着在岩石上时，身体构造就发生了巨大的变化，**尾巴也逐渐被身体吸收，才变成了现在的样子。**

## 真海鞘 变态 过程大揭秘！

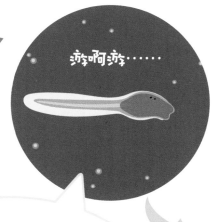

### 第1形态

这一时期的幼体长着有脊索（支撑身体的棒状结构）的尾巴，可以自由游动，形似蝌蚪，因此被称作"蝌蚪幼虫"。体长约1.8 mm。

游啊游……

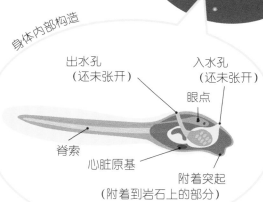

身体内部构造

出水孔（还未张开）

入水孔（还未张开）

眼点

脊索

心脏原基

附着突起（附着到岩石上的部分）

### 真海鞘的变态

真海鞘刚出生时可以像鱼一样游来游去，可一旦附着到岩石上，就会像植物扎根于土壤一样，长年累月地待在同一个地方度过一生。它们的成长过程中有十分显著的变态过程，在成体的身上完全看不到其幼年时的影子。它们体内既有雄性器官又有雌性器官，也就是所谓的雌雄同体，可以同时排出精子和卵子，在海里与其他真海鞘个体完成受精，通过有性生殖来繁衍后代。

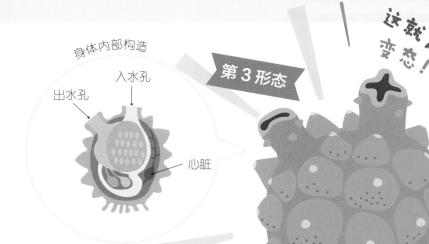

身体内部构造

出水孔

入水孔

第 3 形态

这就是变态！

心脏

成年后，它们的身体被厚实的被囊包裹，表面出现很多突起。入水孔移到身体最上方，脊索也完全消失了。入水孔和出水孔通过不断开合来吸水和排水。

我决定住在这里了！

第 2 形态

身体内部构造

逐渐被身体吸收的脊索

出水孔

心脏

入水孔

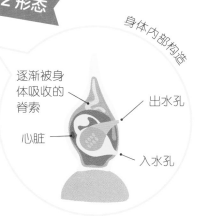

这一时期的幼体开始附着在岩石上，尾巴也逐渐被身体吸收，身体的内部构造旋转了 90°，入水孔开始向身体上方移动。这个过程需要 10 天以上。体长约 0.35 mm。

# 日本钩嘴鳒

音态等级

成体

**我的眼睛和游泳方式在小时候都平平无奇**

| | |
|---|---|
| **中 文 学 名** | 日本钩嘴鳒 |
| **分 类** | 辐鳍鱼纲鲽形目鳒科 |
| **大 小** | 体长最大约 14 cm |
| **分 布 范 围** | 日本青森县至九州、朝鲜半岛、中国东海和南海浅海处的沙质海底 |

生物档案

　　那些看起来扁扁的、眼睛只长在身体一侧的鱼，我们笼统地称它们为"比目鱼"，它们都属于鲽形目。但有的比目鱼眼睛在身体右侧，如鳒科的鱼；有的比目鱼眼睛在身体左侧，如鲆科的鱼。

去吧，我的眼睛！
向着身体的另一面出发！

幼体

你的面前是浩瀚无垠的大海。一开始，你也许平平无奇，但未来是可以靠自己来改变的。

你是与众不同的。丢掉你的顾虑，不要觉得不好意思，向前冲！**像我的眼睛那样，找准方向向前冲！**前方有更广阔的未来在等待着你。

即使身处陌生的环境，也要尽快适应，用才能和干劲战胜一切阻力。仰望星空，脚踏实地。

向着更高更远的地方迈进！你一定能够创造奇迹，我一直如此深信着！

# 日本钩嘴鳂 变态 过程大揭秘！

**此时我还是普通的鱼呢！**

刚出生的仔鱼眼睛长在身体两侧，外观和游泳方式也和普通的鱼一样。体长约3 mm。

**头上长出了一道沟！**

第2形态

变态过程中的稚鱼头上会长出一道沟，左眼通过这条沟向身体右侧移动。体长约5 mm。

## 日本钩嘴鳂的变态

　　日本钩嘴鳂的左眼会在成长过程中逐渐移向身体右侧。刚出生时它们的眼睛还长在身体两侧，游泳方式也和普通的鱼一样。开始变态后，左眼就会向身体右侧移动。大多数有这种变态过程的鱼类眼睛的移动是在脸部表面进行的，而鳂科的部分鱼类则不同，它们的脸上会形成一道沟，左眼会贯穿这道沟移到身体的右侧。真令人吃惊！

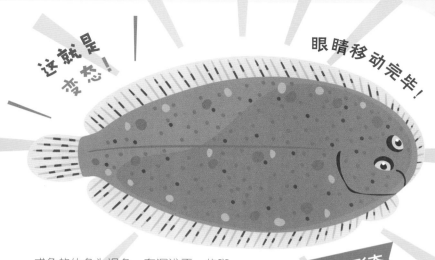

这就是变态！

眼睛移动完毕！

成鱼的体色为褐色，有深浅不一的斑点状花纹，方便它们在沙地里"隐身"。嘴的位置虽然不明显，但进食时嘴巴会向下张开。

第 4 形态

眼睛正在一点一点地"搬家"中……

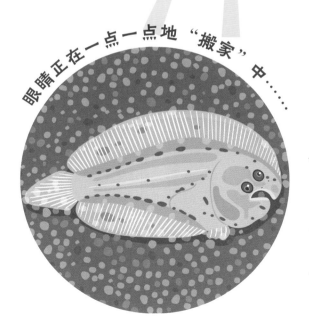

第 3 形态

眼睛"搬家"完毕的稚鱼会移居到海底，它们浅褐色的身体上排列着黑色的斑点。体长约 8 mm。

# 仿鲸鱼

变态等级

我过于『变态』，甚至被当成了别的鱼

雌鱼

雄鱼

**成体**

**生物档案** 虽然很多鱼的亲代和子代之间都存在差异，但深海鱼二者间的差异远超想象。在很长一段时间里，**仿鲸鱼的幼鱼、成年雌鱼和成年雄鱼一直被认为是不同科的3种鱼**。后来人们惊奇地发现，异鳍鱼科的莫桑比克真鳗口鱼一直找不到成鱼，大吻鱼科只见过雄鱼，仿鲸鱼科只见过雌鱼。2009年公布的DNA对比结果显示，**它们其实分别是同一科鱼的幼鱼、成年雄鱼和成年雌鱼，于是它们被并入了仿鲸鱼科**。

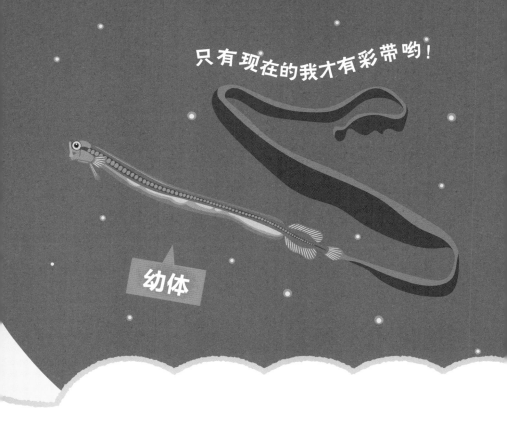

只有现在的我才有彩带哟！

幼体

你觉得我的女儿长得像谁呢？我觉得长得像我，但孩子的爸爸觉得更像他。

人类就更过分了，他们说我家孩子既不像爸爸也不像妈妈，肯定不是亲生的，甚至还对比了我们的 DNA，真是太过分了！话说回来，**我们本来就不在一起生活，把女儿送到浅海后，我们会在深海默默支持女儿表演艺术体操彩带舞。**过一段时间，女儿就会变得跟我一样，成为优秀的仿鲸鱼再回到深海。

# 仿鲸鱼

## 变态

## 过程大揭秘！

彩带一样的尾鳍比躯干还要长好几倍。有的幼鱼整体都是细长的，也有的幼鱼有舒展的扇形腹鳍和鼓起的腹部。

曾被归到
### 异鳍鱼科的幼鱼

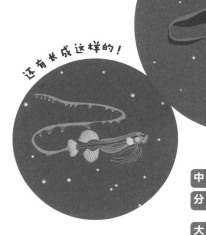

还有长成这样的！

| 中文学名 | 莫桑比克真鳗口鱼 |
|---|---|
| 分　　类 | 辐鳍鱼纲金眼鲷目仿鲸鱼科 |
| 大　　小 | 全长约 80 cm |
| 分布范围 | 日本本州中部和高知县以及印度洋、北大西洋的远海表层 |

### 仿鲸鱼的变态

　　仿鲸鱼不仅颜色和形态差别极大，而且幼鱼时期它们还拖着长长的尾巴，所以它们的幼鱼曾被误认为是其他科的鱼。由于仿鲸鱼科的鱼很少见，所以它们成长过程中如何变态，以及不同种类之间存在什么样的关系，至今还是个谜。

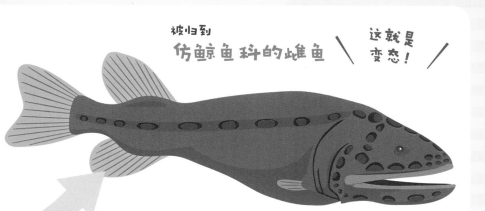

被归到
**仿鲸鱼科的雌鱼** \ 这就是 变态！/

| 中文学名 | 帕氏裂鲸口鱼 |
|---|---|
| 分 类 | 辐鳍鱼纲金眼鲷目仿鲸鱼科 |
| 大 小 | 体长 19 cm |
| 分布范围 | 日本小笠原群岛以及东太平洋的深海 |

大大的头上长着小小的眼睛，嘴巴极大，这种样貌让人联想到鲸鱼。侧线（位于体侧的器官，作用和雷达一样）十分发达。

曾被归到
**大吻鱼科的雄鱼** \ 这就是 变态！/

| 中文学名 | 方头狮鼻鱼 |
|---|---|
| 分 类 | 辐鳍鱼纲金眼鲷目仿鲸鱼科 |
| 大 小 | 体长 5 cm |
| 分布范围 | 日本冲绳岛以及中国南海的深海 |

身体细长，呈褐色，嗅觉器官很发达。没有消化器官，所以无法进食，只能靠肝脏储存的营养生存。

## 岸壁幼鱼采集探险记

初学者也能轻松入门！

和海洋生物邂逅的方式多种多样，比如海钓和赶海。但你听说过更加轻松愉快的"岸壁采集"吗？接下来就一起来领略岸壁采集的魅力吧！

### 只需准备抄网和篮子！

就像拿着捕虫网捕捉昆虫一样，**岸壁幼鱼采集就是拿着抄网捕捞渔港海面附近的幼鱼。** 渔港海面平静，也基本没有大鱼的侵扰，对大部分幼鱼来说，这里是绝佳的藏身之处。岸壁采集其实很简单，只需要聚精会神地观察海面，在觉得不对劲的地方寻找就可以了。但是，许多聪明的幼鱼为了保护自己，有拟态行为，没点儿窍门是找不到它们的。

**现在给大家介绍岸壁幼鱼采集的5个窍门。**

### 岸壁幼鱼采集的 5 个窍门

**1. 捞起漂浮的海藻**

漂浮在海面的海藻就像一个摇篮，仔细观察就能发现隐藏在其中的幼鱼的身影。

**2. 顺着缆绳摸索**

用来将船固定在岸边的缆绳上会附着很多海藻和贝类，这里是幼鱼美餐的好地方。

**3. 不要放过阴暗的小角落**

不喜光的幼鱼会藏在渔港阴暗的小角落里。

**4. 寻找水母**

有的幼鱼会紧贴在水母身上，寻求水母有毒触手的庇护。

**5. 仔细观察海面的波纹**

仔细观察海面的波纹也能发现幼鱼游过的痕迹。

岸壁采集最大的优点就在于行动很方便，而且需要的道具很简单。不同于凹凸不平的礁石，在渔港行动很轻松，而且仅靠从渔具店里买的抄网和篮子就能采集很多奇妙的生物。不论是小朋友还是大朋友，都能安全、愉快地参与其中。

此外，随着季节转换，出现在渔港的生物也会发生变化，不同的季节有不同的乐趣。本书的第 90 ~ 91 页介绍了不同季节能观察到的各种幼鱼。

仔细研究一下当天的风向和渔港的地形，开启你的寻宝之旅吧！

## 深海鱼竟然就在我的脚边？！

很多种类的鱼平时生活在深海。可是到了晚上，天敌的行动减少，浮游生物增多，有些深海鱼的幼鱼也会游到浅海来觅食。

虽然在渔港见不到深海鱼的成鱼，但能一睹深海鱼幼鱼的风采，这也是岸壁采集的一大乐趣。

下方照片中的鱼是我在日本静冈县西伊豆地区的渔港见到的十分罕见的深海鱼。

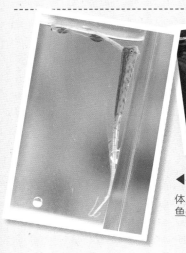

◀ **棘茄鱼的幼鱼**

体长 2.5 cm。虽然很多人都知道棘茄鱼成鱼的模样，但很少有人见过它们的幼鱼。

◀ **皇带鱼的幼鱼**

体长 3.5 cm。成鱼体长可达 5 m。皇带鱼是日本民间故事中人鱼的原型。

44

# 第 2 章　变身

## 我们会变得和从前"判若两鱼"

不同于变态过程中身体构造发生的变化，
有些生物的成体和幼体外观截然不同。
发生这种变化大多是为了在危险的环境中保护自己。
它们有的会改变颜色和花纹，有的甚至会改变性别。
本章我们就来一起看看亲代和子代大不相同的生物的神奇变身
术吧。

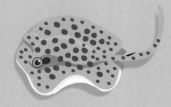

翻翻看！翻页动画②

跳跃的飞鱼

# 第2章 变身

## 主刺盖鱼

变身等级

vi～vii页的答案：A

幼体

我的环状花纹
会变成纵条纹

真讨厌！我才不喜欢纵条纹呢！

明明现在的样子更可爱啊。因为我的花纹就像一个个蓝色的半圆形小圈，**潜水者和来水族馆玩的人们都会亲切地叫我"蓝圈"。**

**在我成长过程中，纵条纹会逐渐从环状花纹之下浮现，两种花纹就这样混在一起了。**

光是想想就觉得不爽，人类却热衷于欣赏我变身的过程，真是搞不懂这有什么好看的！

人类说我们会在海里变态，但在我看来，人类才变态呢。

看！我长出纵条纹了！

成体

大变身！

| 中 文 学 名 | 主刺盖鱼 | 大　　小 | 体长最大约 40 cm |
|---|---|---|---|
| 分　　类 | 辐鳍鱼纲鲈形目刺盖鱼科 | 分 布 范 围 | 日本相模湾至印度洋－中太平洋海域的珊瑚礁及岩礁区 |

**生物档案**

　　刺盖鱼科的鱼类都有很强的领地意识，当同类入侵自己的地盘时，它们会发起猛烈攻击，将同类赶出去。这其实是无奈之举，是为了守护自己的捕食区域。可如果误伤到弱小的幼鱼，则不利于整个种群的延续。**主刺盖鱼的幼鱼和成鱼有着完全不同的体色，这正是为了避免幼鱼卷入成鱼的纷争中。**主刺盖鱼的条纹从侧面看是横向排列的，但判断鱼类的纹路方向时，是以鱼头为上方、鱼尾为下方来看的，因此主刺盖鱼的条纹被叫作纵条纹。

第2章
变身

## 雀鱼

变身等级 🐟🐟🐟

我小时候有『天使之环』

幼体

**快**来看我的"天使之环"！怎么样？可爱吧？好看吧？**可是，"天使之环"再过几天就要消失了**＊。为了一睹我的"天使之环"，潜水者会在冬天潜入冰冷的大海，努力寻找我的身影。不过，我可不是那么容易就能被找到的。**我可以用腹部的吸盘吸附在海藻上，我的体色也和我吸附的海藻相似，我的尾鳍还会像海藻那样一摇一摆。**

现在的我即使被发现也没关系，但如果没了"天使之环"，我就不想再被人看到了。**所以，长大后我就更喜欢模仿海藻了。**

＊ "天使之环"消失所需的时间由水温决定，水温越高所需的时间越短。

"天使之环"消失了!

成体

大变身!

| 中文学名 | 雀鱼 | 大 小 | 体长 2 cm |
|---|---|---|---|
| 分 类 | 辐鳍鱼纲鲈形目圆鳍鱼科 | 分布范围 | 日本千叶县至三重县的太平洋沿岸水深小于 20 m 的海域 |

　　春天快到的时候，在浅水区海藻丛生的地方，人们时常能看到雀鱼的宝宝。虽然它们体长仅有几毫米，但仔细观察就会发现，**它们的头部有白色的圆环状花纹**。随着成长，它们的圆环状花纹会逐渐消失，**体色也会变成红、绿、褐等和周围环境相似的颜色**。和雌性成鱼相比，雄性成鱼的背鳍更发达，像鸡冠一样，这是为了更好地保护鱼卵。幼鱼的表情和姿态都十分可爱，它们是冬季的"海洋明星"，是潜水者和岸壁采集家的最爱。

# 黑背蝴蝶鱼

变身等级

幼体

我刚出生时戴着头盔

我以浮游生物为食，需要在大海里漂泊。在漫漫旅程中，不知多少次会与阴险狡诈之辈不期而遇，**所以我一出生就戴上头盔保护自己。** 不过说实话，这个头盔也没什么用，遇到大型敌人时，我就会一下子被吞掉。

我现在也差不多该把头盔摘掉了。终日在浩瀚大海里漂泊的日子可真是艰辛，**我那曾经淡黄色的皮肤现在彻底变黄了。**

一边流浪一边扩张领地的任务就交给年轻一辈吧，对我来说，**是时候找个水流平稳的岩石过隐居生活了。** 话虽如此，其实我还只是个孩子。

50

现在回想起来，

头盔也没什么用啊……

**成体**

**大变身！**

| 中文学名 | 黑背蝴蝶鱼 | 大 小 | 全长最大 18 cm |
|---|---|---|---|
| 分 类 | 辐鳍鱼纲鲈形目蝴蝶鱼科 | 分 布 范 围 | 日本千叶县至印度洋－西太平洋海域的珊瑚礁及岩礁区 |

**生物档案**

蝴蝶鱼的稚鱼头部都被坚硬的骨骼所覆盖，看起来就像戴了一顶头盔。随着成长，"头盔"会逐渐消失。蝴蝶鱼会顺着洋流从温暖的南方漂向北方，伴随着海水温度下降，其中一部分个体会死去。但近年来，能熬过寒冬的个体越来越多了，因此蝴蝶鱼也逐渐被称为**"季节性洄游鱼"**了。

51

# 弯鳍燕鱼

变身等级

vi～vii页的答案：B

我小时候会模仿扁虫

幼体

现在回过头来看自己小时候的照片，发现那个时候的我看起来就很难吃的样子。**这其实是我为了躲避敌人的捕食，故意模仿扁虫的。** 我不仅模仿了扁虫的颜色，游泳的时侯我还会像扁虫一样扭来扭去。

**随着成长，我的身体会变大许多，可以脱去伪装堂堂正正地生活了。**

人们通常叫我"红边蝙蝠鱼"，但这个名字更像是为童年时代的我量身定做的，丝毫不考虑我成年后的感受。的确，童年时代的我更受欢迎，对于这一点我也很不满。我还不如直接变成其他种类的鱼呢，至少能改个名字啊。

**扁虫**

有毒，还不好吃。

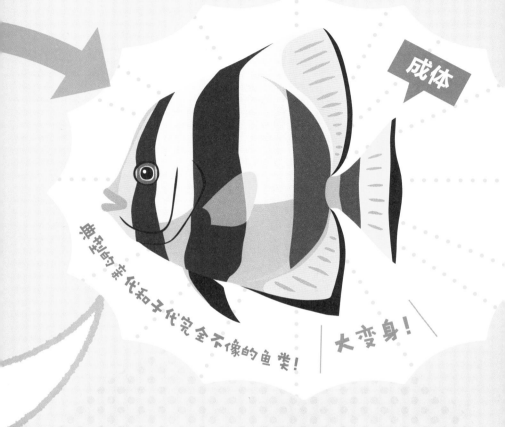

成体

典型的亲代和子代完全不像的鱼类！

大变身！

| 中文学名 | 弯鳍燕鱼 | 大　　小 | 全长最大 45 cm |
|---|---|---|---|
| 分　　类 | 辐鳍鱼纲鲈形目白鲳科 | 分布范围 | 日本奄美大岛至印度洋 – 西太平洋海域以及红海的珊瑚礁区 |

**生物档案**

　　像弯鳍燕鱼这样，明明没有毒却伪装成有毒的生物或者不好吃的生物，以此来躲避敌人的方法叫作**"贝茨氏拟态"**。无论是本身有毒，还是伪装成有毒的样子，都是为了保护自己，这种演化令人震惊。弯鳍燕鱼长大后身体会变成扑克牌中黑桃的形状，体色以银色为主。成鱼身上完全没有红色，怪不得它不喜欢"红边蝙蝠鱼"这个名字呢。

# 角高体金眼鲷

变身等级

幼体

我小时候有引以为傲的尖角

小时候我只是个在浅海里漂来漂去的淘气鬼。**长大以后，我漂亮的尖角就会消失，而且我的脸庞会变得狰狞又恐怖，让人望而生畏。**

不过，长大以后还是经常有人说我"虽然外表凶猛，但仔细看还挺可爱的"。现在来说说长大以后我是什么样子吧。虽然我是金眼鲷目的鱼类，但我的眼睛不是金色的。我的牙齿又尖又长，嘴都合不上。虽然通体漆黑，看起来很笨拙，但实际上我可以灵活地扇动胸鳍来游泳。我既是深海里恐怖的捕食者，又是大洋里可爱的居民。

尖角消失！尖牙出现！

成体

大变身！

| 中 文 学 名 | 角高体金眼鲷 | 大　小 | 全长最大 18 cm |
|---|---|---|---|
| 分　类 | 辐鳍鱼纲金眼鲷目高体金眼鲷科 | 分 布 范 围 | 全世界的深海 |

生物档案　　让人望而生畏的深海鱼角高体金眼鲷在幼年时期长得又圆又小，十分可爱。随着成长，它们头上的尖角会逐渐变小直至消失。成年以后，它们会长出又尖又大的牙，因此又被称作"尖牙鱼"。稚鱼会在海水表层营浮游生活，但由于很难观察到它们的生活状态，所以关于它们还有很多未解之谜。角高体金眼鲷的幼鱼和成鱼外观差别很大，曾经甚至被认为不是同一种鱼。

# 金黄突额隆头鱼

变身等级

vi～vii页的答案：C

我隆起的额头
是美貌的象征

幼体

别担心，我头上的包可不是撞出来的肿包，所以一点儿也不疼。别看我现在这样，**小的时候我可是一个娇小可爱的女孩子，红色的身体上有白色的条纹，头上也没有肿包。**

你可能觉得我隆起的额头很难看，其实这是男性的象征，**额头越大就越受欢迎。**我们的寿命越长，额头就越大。为了繁衍后代，我们必须和同类竞争，不过所谓的竞争可不是互相撕咬，而是怒视对方，目光如炬，然后**比一比谁的嘴巴和额头更大。**虽然长成这样，但我其实是个和平主义者。

56

不要小看我头上的包，
这可是男性的象征！

**成体**

大变身！

| | | | |
|---|---|---|---|
| **中 文 学 名** | 金黄突额隆头鱼 | **大　　　小** | 全长最大 1 m |
| **分　　　类** | 辐鳍鱼纲鲈形目隆头鱼科 | **分 布 范 围** | 日本北海道至九州的日本海及太平洋沿岸、朝鲜半岛的岩礁区 |

**生物档案**　　包括金黄突额隆头鱼在内的很多隆头鱼科的鱼类，出生时都是雌鱼，成长过程中会慢慢变身为雄鱼，也就是所谓的**"雌性先熟"**。平时它们性格温和，不过一旦进入繁殖期，雄鱼就会为争夺雌鱼而争斗。不同个体之间虽然是竞争对手，但不是敌人，所以竞争方式不是用坚韧的牙齿互相撕咬拼个你死我活，而是**比较嘴巴和额头的大小**。顺便说一下，隆起的额头里面其实是脂肪，摸上去出乎意料的柔软。

57

# 鱵鳅

变身等级

我长大后会闪闪发光

幼体

闪开闪开，快给大名鼎鼎的鱵鳅让路，不然就把你吃掉！我将来可是能长到2m长呢！**我虽然现在像小树枝一样纤细，只能随着海藻漂荡，但终有一天我会变成游泳冠军，像鲸鱼一样在海面跃身击浪！**

**我虽然现在长着不起眼的条纹，但终有一天会穿上绚丽的华服——背部青蓝，腹部金黄，闪闪发光。**

快给我让路，不然就把你吃掉！我虽然现在还只能吃小鱼小虾，但终有一天我会长大，大到能把你一口吞下！

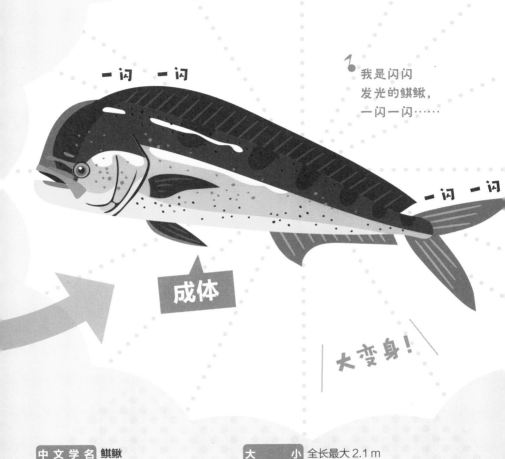

一闪 一闪

我是闪闪
发光的鲯鳅，
一闪一闪……

一闪 一闪

成体

大变身！

| 中文学名 | 鲯鳅 | 大小 | 全长最大 2.1 m |
|---|---|---|---|
| 分类 | 辐鳍鱼纲鲈形目鲯鳅科 | 分布范围 | 全世界热带和温带海域的近海表层 |

**生物档案**

　　在夏威夷，鲯鳅又被称作"Mahi mahi"。大家可能没有注意到，鲯鳅其实经常出现在我们的餐桌上，汉堡里的炸鱼排有时就是用鲯鳅做的。它们从幼年时期开始，就是**食欲非常旺盛的捕食者**。在渔港上发现它们的时候，总能看到它们正在追捕飞鱼的幼鱼。飞鱼的幼鱼和成鱼都会受到鲯鳅的威胁，据说成年飞鱼会飞的原因之一就是为了躲避鲯鳅的捕食。

# 侧带拟花鮨

变身等级

幼体

我的爸爸身上贴着膏药

爸爸工作好像很辛苦，经常浑身酸痛。**不知道为什么爸爸的身上每天都贴着一块膏药，一块巨大的、正方形的、粉红色的膏药。**

如果是贴在肩膀上或者腰上还好，可是爸爸的膏药偏偏贴在身体两侧最显眼的地方，真不美观啊。

**爸爸以前身上是没有贴膏药的，可是不知从什么时候开始，他的身上就突然贴上了膏药，而且膏药越来越大。**

我长大了是不是也必须贴上膏药啊？贴上膏药看起来真难看，我才不想贴呢！

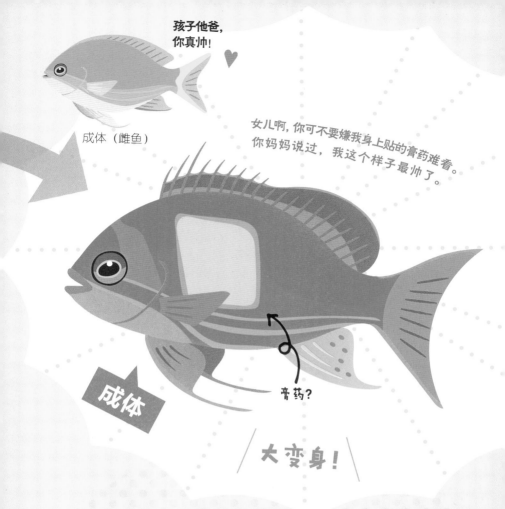

孩子他爸，
你真帅！

成体（雌鱼）

女儿啊，你可不要嫌我身上贴的膏药难看。
你妈妈说过，我这个样子最帅了。

成体

膏药？

大变身！

| 中文学名 | 侧带拟花鮨 | 大 小 | 全长最大 20 cm |
|---|---|---|---|
| 分 类 | 辐鳍鱼纲鲈形目鮨科 | 分布范围 | 日本骏河湾至琉球群岛以及西太平洋海域的珊瑚礁及岩礁区 |

生物
档案

　　和隆头鱼一样，一些拟花鮨在成长过程中也会从雌鱼变成雄鱼，其中就数侧带拟花鮨的变身最为不可思议。变成雄鱼以后，**侧带拟花鮨的身体中央会出现一大块正方形的粉红斑**。同时，雄鱼的体色会变得鲜艳，这主要是为了吸引雌鱼。到了繁殖期，雄鱼的体色会变得更加鲜艳，这样的体色被称为"婚姻色"。不过，我不清楚它们身上的粉红色斑块到底有什么作用。

# 斑胡椒鲷

变身等级

幼体

我小时候
会模仿海蛞蝓

怎么样，我身上不规则排列的波点图案，是不是很独特？嗯？你不这么觉得吗？唉，看来现在的年轻人审美水平也不怎么样啊。虽说我也还是个孩子。

**你以为我就只是每天在水里扭来扭去？** 大错特错！我的感性集中体现在对花纹的设计上，**我这么设计并不是为了增加美感，而是为了将自己伪装成有毒的样子。对，有毒！我的主要目的就是让人望而生畏，绝对不想把我当成盘中餐。**

快看啊，那边那条浑身都是斑点的鱼，也太没品位了，我可不想变成那个样子。什么？那是我长大以后的样子？不会吧……

**长着豹纹的海蛞蝓**
本身没有毒，但怎么
看都像有剧毒。

我现在身上有着像胡椒一样的斑点，
看起来稳重多了。

**成体**

大变身！

| | | | |
|---|---|---|---|
| **中文学名** | 斑胡椒鲷 | **大　　小** | 全长最大 72 cm |
| **分　　类** | 辐鳍鱼纲鲈形目仿石鲈科 | **分布范围** | 日本鹿儿岛湾至琉球群岛以及印度洋－西太平洋海域的岩礁区 |

**生物档案**　　　幼鱼的形态和游泳方式都是一种贝茨氏拟态，也就是将自己伪装成有毒的海蛞蝓或扁虫。幼鱼的游泳方式很独特，就像蝴蝶在展翅飞舞。成鱼的身体上散布着许多胡椒大小的黑色斑点，这也是"斑胡椒鲷"这个名字的由来。

我的头上
会长出尖尖的角

幼体

最近我的爸爸头上长出了尖尖的角，**因此获得了"独角兽鱼"**（Unicorn-Fish）这个美称，爸爸可得意了。

之前我夸爸爸的长鼻子真好看，结果爸爸生气地反驳道：**"这不是鼻子，这是额头上的角！"**

**悄悄告诉你，爸爸额头上的角只是装饰而已。**和剑鱼的角不同，爸爸头上的角不是用来捕获猎物的，也不是用来战斗的。

**毕竟比起角，还是嘴巴更长啊。**

爸爸的角只是装饰而已，可不是武器。

角

成体

大变身！

| 中 文 学 名 | 单角鼻鱼 | 大 小 | 体长 50 cm |
|---|---|---|---|
| 分 类 | 辐鳍鱼纲鲈形目刺尾鱼科 | 分 布 范 围 | 日本南部海域至印度洋 – 太平洋海域的珊瑚礁及岩礁区 |

**生物档案**

　　短吻鼻鱼和突角鼻鱼头上也长着长长的角，看起来很威风，但不同的是，这两种鱼的角比嘴巴长，而单角鼻鱼的角长度则没有超过嘴巴，因此看起来有些滑稽。单角鼻鱼的角虽然不是武器，但它们的**尾柄上有两个如硬棘一般的尖锐的骨质板**，能够当作武器使用。那它们的角究竟有什么作用呢？有研究推测，可能是用来求偶的，或与其他社会行为有关。

第2章 变身

# 黄鮟鱇

变身等级 🐟🐟🐟

vi ~ vii页的答案：D

幼体

我竟然从优雅的精灵变成了脏兮兮的抹布

唉，反正我就像一块脏兮兮的抹布。**小的时候我还穿着轻薄的衣服翩翩起舞，可现在，我却只能在人迹罕至的海底，将身体变成沙石的颜色以便融入周围的环境，就像一块被遗弃的旧抹布，毫无存在感。**

不过，小的时候我需要游来游去地捕食，太辛苦了。**而现在我可以躲在不起眼的地方，偷袭从身边经过的鱼，这样活着更轻松。**这也就是为什么我毅然决然地舍弃了华而不实的外表。

等等，你说我是旧抹布我倒也不会生气，**但可别把我和黑鮟鱇相提并论啊，**这我绝对不能接受。

66

面目全非
的大变身!

脏兮兮
脏兮兮

脏兮兮
脏兮兮

大变身!

**成体**

| | | | |
|---|---|---|---|
| **中文学名** | 黄鮟鱇 | **大 小** | 体长最大约 1.5 m |
| **分 类** | 辐鳍鱼纲鮟鱇目鮟鱇科 | **分布范围** | 日本北海道至九州的日本海和太平洋沿岸以及中国黄海和东海的泥沙质海底 |

**生物档案**　　黄鮟鱇幼年时期像优雅的精灵，过着浮游生活。长大以后，它们会逐渐开始底栖生活，外貌也会发生惊人的变化。实际上，我们在餐馆里吃的鮟鱇鱼大部分是黄鮟鱇。比起黑鮟鱇，黄鮟鱇体形更大，肉质更鲜美，有很高的食用价值。我们可以根据它们嘴里的花纹区分这两种鱼，嘴里有圆点的是黑鮟鱇，没有的是黄鮟鱇。黄鮟鱇不仅肉质鲜美，它们的肝、胃、卵巢、皮等都是珍贵食材，可以说全身是宝。

# 粒突箱鲀

变身等级

幼体

我小时候身上有可爱的波点

世间万物都是平衡的，正所谓有得必有失。我也一样。**小时候我的身体是漂亮的黄色，上面散布着许多黑色波点。** 因为样貌可爱，幼年的我很受潜水者欢迎。**但我不擅长游泳，没有从敌人手里逃脱的能力，** 所以需要武装自己 ——这一身黄色和黑色的配色，就是在向敌人发出警告。而黑色波点的大小跟眼珠大小相近，这是为了保护眼睛。

**长大以后，我就不再需要靠颜色和花纹来武装自己了。** 我牺牲了曾经可爱的外表，才换来了如今的强大。现在恐怕再也听不到别人夸我可爱了。唉，生活总不是事事如意的。

**成体（雌鱼）**

雌鱼体色仍为黄色，但黑色波点的内部出现了白色。

好怀念以前辉煌的岁月啊……

**成体**

大变身！

| 中 文 学 名 | 粒突箱鲀 | 大　小 | 全长最大 45 cm |
|---|---|---|---|
| 分　类 | 辐鳍鱼纲鲀形目箱鲀科 | 分 布 范 围 | 日本房总半岛至琉球群岛以及印度洋－太平洋海域的珊瑚礁及岩礁区 |

**生物档案**　　　　粒突箱鲀幼年时期体表散布着和眼珠等大的黑色波点，这是为了让敌人难以分辨哪个是真正的眼睛，从而达到保护自己的目的。随着成长，它们身上用于伪装的波点逐渐消失，雄鱼体形变大，像机器人一样，而雌鱼的黑色波点内部会变成白色。成鱼也会用不同的方式保护自己，它们全身被坚硬的骨骼覆盖，受到威胁时会释放一种箱鲀科鱼类特有的神经毒素。

## 水母双鳍鲳

我小时候有扇子一样的腹鳍

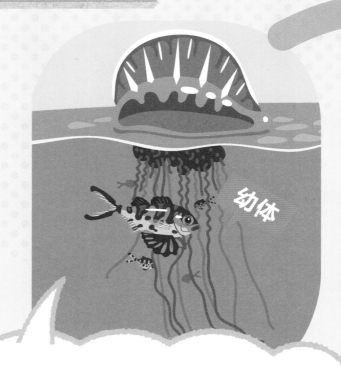

幼体

这个像蓝色水饺的东西就是我的保护伞。它的名字叫僧帽水母，有剧毒。

**只要躲在我的保护伞下，其他的鱼就不敢轻易靠近我了。**而且僧帽水母绝对不会吃掉我，能够平安地活着，可真得好好感谢它啊。不过，我如果肚子饿了，就会把它的触手吃掉。

啊？你喜欢我身上的扇子？是不是很风雅？不过，只有现在你才能看到这么漂亮的扇子，**等我长大移居深海的时候，就不得不割爱。**

背井离乡，必定要舍弃一些身外之物啊。哈哈，我是开玩笑的！

现在的我已经
不需要保护伞了！

大变身！

成体

| 中文学名 | 水母双鳍鲳 | 大　　小 | 全长最大 39 cm |
|---|---|---|---|
| 分　　类 | 辐鳍鱼纲鲈形目双鳍鲳科 | 分布范围 | 全世界热带至亚热带的深海，在日本分布于铫子至土佐湾 |

**生物档案**
　　有些鱼类的幼鱼为了保护自己，会藏在有毒水母的触手之间。双鳍鲳就会把**有剧毒的僧帽水母**当作自己的保护伞，但有时又能看到它们吃僧帽水母触手的景象。它们并不是不会被水母攻击，而是**似乎对水母的毒素免疫**。幼年时期它们有像扇子一样舒展的美丽腹鳍，能帮助它们在海水表层保持平衡，当移居到深海以后，腹鳍就会逐渐变小。

# 黑鞍鳃棘鲈

变身等级

幼体

## 我小时候 会模仿河豚

**不** 要觉得我的拟态很失败，**毕竟我所模仿的横带扁背鲀是鲀形目鲀科的鱼，而我是鲈形目鮨科的鱼。**就算我想模仿，也不能做到完全一致啊。

什么？你说副革单棘鲀的拟态就很成功？它是单角鲀科的鱼，本来就是鲀形目的一员，可不要把我和它相提并论。

我长大以后会完全变成另一副样子，**只有在幼年时期我才会模仿别的鱼，成年以后我会变得强大又可靠。**我也算是未来可期，你可要用长远的眼光看待我啊。

**横带扁背鲀**
体内有剧毒，而且能
通过皮肤释放毒素。

我不想再模仿别人了！

**成体**

大变身！

| 中 文 学 名 | 黑鞍鳃棘鲈 | 大 小 | 全长最大 1.2 m |
|---|---|---|---|
| 分 类 | 辐鳍鱼纲鲈形目鮨科 | 分 布 范 围 | 日本小笠原群岛至琉球群岛、印度洋－太平洋海域的珊瑚礁及岩礁区 |

生物档案

　　前面介绍过弯鳍燕鱼和斑胡椒鲷等有贝茨氏拟态行为的鱼，除此之外还有**像黑鞍鳃棘鲈一样模仿其他鱼类的鱼。特别是有毒的横带扁背鲀，是黑鞍鳃棘鲈最喜欢模仿的对象。**不过，黑鞍鳃棘鲈和横带扁背鲀不是同一个目的鱼，即使黑鞍鳃棘鲈可以模仿横带扁背鲀的颜色和花纹，身体构造也没法模仿。

第2章 变身

# 日本锯大眼鲷

变身等级

我长大后会变得红彤彤

幼体

记者：您最近是不是因为忙于准备比赛，都没怎么睡觉？

日本锯大眼鲷：是因为我的眼睛看起来充血了才这么问的吗？不是的，**我把眼睛瞪大是为了更清楚地看清海里的环境。**我们团队的成员也经常夸我圆圆的大眼睛很可爱。

记者：听说你们的团队很黑暗，这是真的吗？

日本锯大眼鲷：是因为我身体是黑色的才这么说吗？哈哈，请放心，实际上我们一点儿也不黑暗。**长大以后我会从黑色变成大红色。**不过，我的红色可不是红牌的那种红色！

一般来说红色很醒目，
但我变成红色是为了更好地隐藏自己！

成体

大变身！

| 中文学名 | 日本锯大眼鲷 | 大 小 | 体长 18 cm |
|---|---|---|---|
| 分 类 | 辐鳍鱼纲鲈形目大眼鲷科 | 分布范围 | 日本相模湾至琉球群岛、东印度洋－西太平洋海域的岩礁区 |

生物
档案

**深海鱼体色为红色大多是为了保护自己。**因为红光容易被海水吸收，所以越深的地方红光被吸收得越多，也就越难看到红光。在人类看来它们是红色的，这是因为反射回来的红光被人眼捕捉到了。但红光往往无法到达深海，所以它们可以顺利地融入黑暗当中。尽管黑色的鱼也很难被发现，但我曾误将黑色的鱼当作其他的鱼的影子而意外发现了一条黑色的鱼。

我小时候就像一片枯叶

幼体

我是少年探险队的一名队员，今天我要开始新的探险之旅，去探索未知的世界！

哇！我今天飞得比平时还要远！**虽然我体形还很小，我的鳍也像枯叶一样，但我也能飞得很远。**

哇！这里是我不曾涉足的海域，离出发的地方已经很远了。看来我今天状态不错，或许还能去更远的地方……咦？

今天的水流好强，我一下子就被冲回了刚才的地方。不过，我不会轻易放弃的，再来一次，冲啊！

哇！我又飞了好远！哇！这里我也没来过……

我要用发达的鱼鳍，
在大海上尽情驰骋！

成体

大变身！

| 中文学名 | 多氏须唇飞鱼 | 大　　小 | 全长最大 35 cm |
|---|---|---|---|
| 分　　类 | 辐鳍鱼纲颌针鱼目飞鱼科 | 分布范围 | 日本北海道至九州以及朝鲜半岛沿岸的海水表层 |

**生物档案**

　　飞鱼完成了惊人的演化。它们的胸鳍可以像羽翼一样舒展，腹鳍可以用来保持平衡，尾鳍可以分成上下两部分，下部更长。通过左右摆动尾鳍，它们可以跃出海面，展"翅"飞翔。**成年飞鱼是银色的，能飞出去 100 米以上。如果用网去捞 2 厘米左右的幼年飞鱼，它们也能一下子飞出去几十厘米，迅速逃走。**幼年飞鱼虽然长得像枯叶，但也完全具备"飞行"能力。

## 丝鲹

变身等级

幼体

我小时候鱼鳍上会拉出长长的丝线

"哼，人类大概还没有发现在这个渔港究竟谁才是老大吧。大鳞鲆？它们都太莽撞了。日本鳗鲇？它们只是不会主动出击的乌合之众。**没错，用丝线操纵一切的幕后黑手就是我。**我和岸壁保持着绝佳的距离，能刚好不被渔网捞到，眼看被捞到的时候，我会突然变换方向迷惑敌人⋯⋯**我就是操纵丝线的丝鲹！**"

哎呀，这些都是我小时候的胡言乱语，那时我年少轻狂，现在我已经变得稳重多了。**毕竟我都成年了，也不会再操纵丝线了。**

我长大以后就不会拉丝了。

成体

大变身！

| 中文学名 | 丝鲹 | 大　　小 | 全长最大 1.5 m |
|---|---|---|---|
| 分　　类 | 辐鳍鱼纲鲈形目鲹科 | 分布范围 | 全世界热带海域的沿岸海水表层，在日本分布于北海道至九州 |

**生物档案**

　　成群结队的丝鲹幼鱼是渔港夏日的一道风景线。它们游动速度很快，很难用渔网捞到，是令岸壁采集家头痛的鱼。**它们不仅游得快，背鳍和臀鳍上还拉着长长的丝线，这种独特的形态是它们保护自己的一种方式。这种形态可能是对水母的拟态。**站在渔港上方看，**它们就像长着长长触手的灯水母。**长大以后它们就没必要拟态了，所以身上的丝线也会渐渐消失。

79

# 大口管鼻鳔

变身等级 🐟 🐟 🐟

我们一家三口 体色各不相同

幼体

黑

爸爸：我是爸爸。

孩子：我是孩子。

爸爸：我们的名字叫大口管鼻鳔。

孩子：**这是因为我们的鼻孔很大。**

爸爸：你的鼻孔尤其大。是不是水吸得太多了？都浑身发黑了。

孩子：才不是呢！**因为我还小，我们小孩子都是黑色的。**倒是爸爸，你怎么面色铁青呢？

爸爸：你可真烦！**我们男性都是蓝色的。**

孩子：好像是啊。**妈妈是黄色的。**

成体（雌鱼）

我们是五彩斑斓的一家！

成体

大变身！

| 中文学名 | 大口管鼻鳝 | 大　　小 | 全长最大 1.3 m |
| --- | --- | --- | --- |
| 分　　类 | 辐鳍鱼纲鳗鲡目海鳝科 | 分布范围 | 日本高知县、和歌山县、琉球群岛以及印度洋－太平洋海域的珊瑚礁区 |

**生物档案** 　　大口管鼻鳝是海里少数**"雄性先熟"**的鱼类。成长过程中，大口管鼻鳝不仅会从雄性变成雌性，**体色也有 3 个变化阶段。**幼鱼身体是黑色的，只有背部是黄色的；成年雄鱼身体是蓝色的，只有背部是黄色的；由雄鱼变性而来的雌鱼则全身都是黄色。它们的鼻孔就像展开的花瓣，这也是大口管鼻鳝的一大特征。和海鳝科的其他鱼类相比，大口管鼻鳝游动时就像舞动的体操飘带。**它们的英文名是"Ribbon eel"**，直译过来就是"彩带鳗"。

# 褐拟鳞鲀

变身等级

幼体

我长大后会长出尖锐有力的牙齿

即使潜水者夸我们可爱，我们也不能洋洋得意啊。不要忘了，我们可是凶残的褐拟鳞鲀。一旦发现敌人靠近我们的地盘，我们就会毫不留情地用身体撞击它并把它咬碎。**我们有强大的咬合力，连潜水服都能咬碎。**

**虽然我小的时候圆乎乎的很可爱，但现在已经变成这副凶猛的模样了。**

我每天都在珊瑚礁上磨牙，经过艰苦的修行，才有了如今的强大。

你如果想变得像我一样强大，就要每天都刻苦练习。

82

长着能咬碎一切的牙齿！

成体

大变身！

| 中文学名 | 褐拟鳞鲀 | 大　　小 | 全长最大 75 cm |
|---|---|---|---|
| 分　　类 | 辐鳍鱼纲鲀形目鳞鲀科 | 分布范围 | 日本神奈川县三崎港至琉球群岛以及印度洋－西太平洋海域的珊瑚礁区 |

生物
档案

　　如果你问潜水者最可怕的鱼是什么，大多数人的回答都会出乎你的意料。他们的答案不是鲨鱼或者海鳝，而是褐拟鳞鲀。褐拟鳞鲀的幼鱼黑白相间，嘴巴小小的，样子很可爱。可是长大以后，**它们会长出可以咬碎贝壳的坚硬牙齿**，性格也变得更加残暴。特别是在产卵期，只要靠近它们的地盘，就会被它们毫不留情地咬上一口。它们是很危险的动物，甚至可以用牙齿把潜水服咬碎，**碰到它们的时候可要多加小心！**

# 第2章 变身

# 长棘毛唇隆头鱼

变身等级

vi～vii页的答案：E

幼体

我长大后才有大大的嘴巴

你好，我的英文名是"hogfish"，**意思是"猪鱼"**。我对这个名字非常不满意，因为我长得根本就不像猪啊。我又不胖，如果我再可爱一些，或许就会给我起"pigfish"之类的名字吧。虽然"pig"和"hog"都是猪，**但"hog"指的是那种很贪吃的肥猪。**我一点儿都不喜欢这个名字。

嗯？你在看我的嘴吗？**没错，我的嘴裂开了，就像张着大嘴的妖怪。哈哈！不过，小的时候我的嘴很小，长大以后才变成了现在这个样子。**

84

简直像个妖怪！

嘴巴裂开了！

成体

大变身！

| 中文学名 | 长棘毛唇隆头鱼 | 大 小 | 全长最大 91 cm |
|---|---|---|---|
| 分 类 | 辐鳍鱼纲鲈形目隆头鱼科 | 分布范围 | 大西洋西部和北部、北墨西哥湾以及南美洲北部海域的珊瑚礁区 |

生物档案

　　虽然在日常生活中长棘毛唇隆头鱼不太常见，但它们是一种水族馆里经常能看到的隆头鱼。隆头鱼科的鱼类在成长过程中都会施展改变性别、改变颜色、额头隆起等各种各样的变身术，但长棘毛唇隆头鱼独具一格。幼年时它们很普通，成年后能长到近 1 米长，**嘴巴也会变得巨大**。因为外形奇特，它们很受海钓爱好者的欢迎，很多人都喜欢将它们张着大嘴的样子拍下来。

# 豹纹鲨

变身等级

我小时候的虎纹长大后会变成豹纹

幼体

我的名字又叫"大尾虎鲨"，因为我有长长的尾巴和一身虎纹。怎么了？你有什么疑问吗？你说我身上的斑纹更像豹纹？

**我早就告诉过你，我小的时候身上长的就是虎纹，只不过现在变成了豹纹。**你到底有没有认真听！

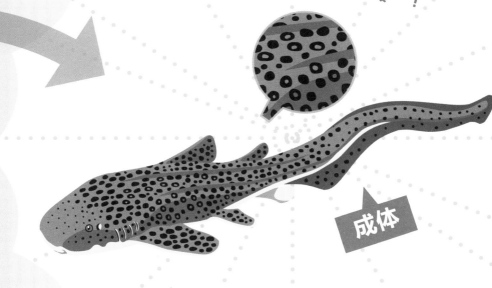

虎纹变成了豹纹……
这就是所谓的"君子豹变"!

成体

大变身!

| 中文学名 | **豹纹鲨** | 大　　小 | 全长最大约3.5 m |
|---|---|---|---|
| 分　　类 | 软骨鱼纲须鲨目豹纹鲨科 | 分布范围 | 日本南部至中国南海以及印度洋－西太平洋海域的珊瑚礁区 |

**生物档案**　　　**鲨鱼会通过雄鱼和雌鱼交配来繁殖，这与很多鱼类通过卵子和精子体外受精来繁殖的方式不同。**提到鲨鱼，大家脑海中往往会浮现出电影里危险又凶残的鲨鱼形象，但其实也有很多像豹纹鲨一样性格温顺、栖息在海底的鲨鱼。豹纹鲨幼年时期身上有黑白相间的条纹，因此得名"zebra shark"（意为"长着斑马纹的鲨鱼"），可见它们幼年时期的形象多么深入人心。

## 第2章 变身

# 波缘窄尾魟

变身等级

幼体

我和爸爸妈妈虽然长得很像，但花纹有微妙的差别

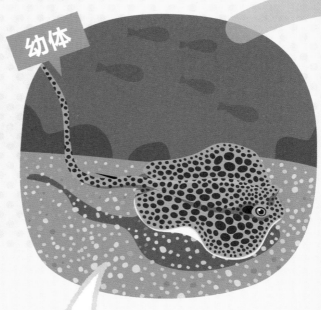

再仔细观察一下我们。**虽然大家都说我和爸爸妈妈是一个模子刻出来的，但根本就不是这样的。**

**我们身上的花纹完全不一样。爸爸妈妈身上是豹纹，而我的身上是波点。**

不过，不管是爸爸妈妈还是我，都走在时尚的前沿，豹纹和波点这两个流行元素使我们与众不同。

当然，**我和爸爸妈妈的体形的确很像，**但是比起体形，我更注重时髦的花纹。

好微妙的区别……

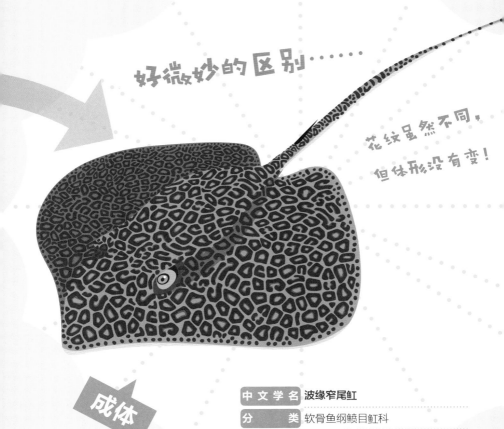

花纹虽然不同，但体形没有变！

**成体**

| 中 文 学 名 | 波缘窄尾魟 |
|---|---|
| 分 类 | 软骨鱼纲鲼目魟科 |
| 大 小 | 体盘宽约 1.4 m |
| 分 布 范 围 | 日本冲绳至印度洋的热带及亚热带海域珊瑚礁区的沙质海底 |

**生物档案**

　　有些鱼类的幼鱼和成鱼虽然花纹有一些差别，但外形十分相似。鲨鱼和鲼目的鱼类大多如此。出现这种情况的原因之一就是，这些鱼都是**卵胎生**的。很多海水鱼是以卵生方式繁殖的，它们会一次性产出大量的卵，这些卵中只有一小部分能生存下来。存活下来的卵需要经过变态发育，才能一点一点长成成鱼的样子。而通过体内受精来繁殖的鲨鱼和鲼目的鱼类，它们的幼鱼在母体内长到一定程度才会离开母体。像这种以卵胎生方式繁殖的鱼类，幼鱼虽然数量少，但生存能力较强，也就是所谓的"少数精锐"。**这些幼鱼出生时已经具备独立捕食的能力，外形也和成鱼很相似。**

原尺寸大小的幼鱼照片

还原幼鱼的真实大小！

### 3～4月

**棘绿鳍鱼**

漂在海面以下约20 cm的深度，形态像黑色的虫子。

### 5～6月

**雀鱼**

常出现在夜晚的海面上。

### 1～2月

**暗纹蝲杜父鱼**

体色呈黄绿色，和石莼相近，在海面漂浮。

**春**

水温上升后，浮游生物大量繁殖，也就出现了大量以浮游生物为食的稚鱼。

### 12月

**环带锦鱼**

身上的配色十分醒目，会沿着岸壁轻快地游来游去。

海洋里的冬季比陆地上来得晚两个月。这个时节还有很多五颜六色的鱼在海里游来游去。

**冬**

这里选取了新手也能轻易采集到的幼鱼来介绍。照片中的鱼都是我在渔港见到过的，希望大家也能在岸壁邂逅各种各样的幼鱼。

### 12月

**红鳍拟鳞鲉**

岸壁附近有很多红鳍拟鳞鲉，不过要小心它们有毒的刺。

7 ~ 8月

**绿短革单棘鲀**

常出现在岸壁附近，身子圆鼓鼓的。

8 ~ 9月

**霓虹雀鲷**

虽然会成群结队地出现，但游动速度较快，所以建议有经验的人去采集。

**夏**

顺着洋流从南方游过来的幼鱼把渔港装点得五彩缤纷。

9月

**异尾须唇飞鱼**

它们会贴着海面游动，可以通过海水波纹的变化找到它们。

大量拟态成枯叶的幼鱼在水中嬉戏。不擅长游泳的幼鱼仿佛在秋风中飘摇一般，被水流冲了过来。

9月

**圆燕鱼**

体态酷似枯叶，水平漂浮在海面上。

10 ~ 11月

**粒突箱鲀**

本身不擅长游泳，会随着水流漂来漂去。黄色的身体很醒目。

**秋**

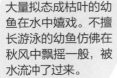

11 ~ 12月

**花斑短鳍蓑鲉**

夜晚会像海藻一样附着在岸壁上。

第3章

# 变奇特

## 我们的造型和习性有些奇特

本章会介绍生活习性和行为方式奇特、
有着奇闻趣事的海洋生物。
这些让人忍俊不禁的另类特征，
都是它们为了在严酷环境中生存下来而演化的结果。
欢迎来到充满欢笑与感动的奇妙世界！

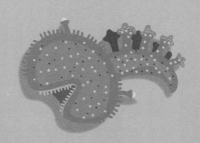

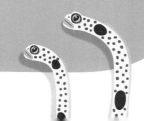

翻翻看！翻页动画③

游动中的眼斑双锯鱼

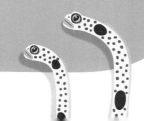

93

# 眼斑双锯鱼

变奇特

奇特程度

随着体形的变化，我有时是雄鱼，有时是雌鱼

爸爸变成了妈妈！

### 写给 5 年前的自己

你好，我是成年后的你。你现在还在为自己体形太小不能谈恋爱而发愁吧？

不要担心。**你马上就会成为族群中第二大的鱼，变成一条英俊的雄鱼，**拥有美丽的妻子。**然后你会继续长大，长成鱼群中最大的鱼，这次则会变成一条雌鱼，成为出色的母亲。**

如今我已子孙满堂，可以安度晚年，尽享天伦之乐。你一定要好好吃饭，快快长大，**因为体形大小决定着咱们的命运……**

真怀念小时候啊！

| 中 文 学 名 | 眼斑双锯鱼 | 大 小 | 全长最大 11 cm |
|---|---|---|---|
| 分 类 | 辐鳍鱼纲鲈形目雀鲷科 | 分布范围 | 琉球群岛和东印度洋－西太平洋海域的珊瑚礁区 |

生物档案

　　在第 2 章里，我们介绍过可以从雌性变成雄性（雌性先熟）的侧带拟花鮨（第 60 页），以及可以从雄性变成雌性（雄性先熟）的大口管鼻鳒（第 80 页）。眼斑双锯鱼也是雄性先熟，但和其他雄性先熟的鱼相比又有些不同。眼斑双锯鱼既能变成雄鱼，又能变成雌鱼。**族群中体形最大的鱼会发育成雌鱼，体形第二大的鱼则发育成雄鱼。当群体中没有雌鱼时**，原本体形第二大的鱼就会由雄鱼变成雌鱼，体形第三大的鱼则发育成雄鱼。鱼群中其他的个体是不参与繁殖的。

  95

希氏软鼬鳚

奇特等级

我的肠子长长地拖在身体外面

长在体外的肠子。长大后会收回体内

　　**我**有一部分肠子长长地拖在身体外面，是不是超级厉害啊？这可不是因为忘了收回去，更不是为了好看。我的肠子超级好用。**有了它，我维持浮游状态和消化就会变得更容易，而且看上去也超级有威慑力，别人都不敢靠近我了呢。**

　　虽然我也想好好保护对我来说很重要的内脏，但遭到袭击时，如果整个身体都被吃掉那就万事休矣，所以我才将一部分肠子拖在外面。不是有个词叫"断尾求生"吗？**我这是"断肠求生"。**是不是超级有趣啊？

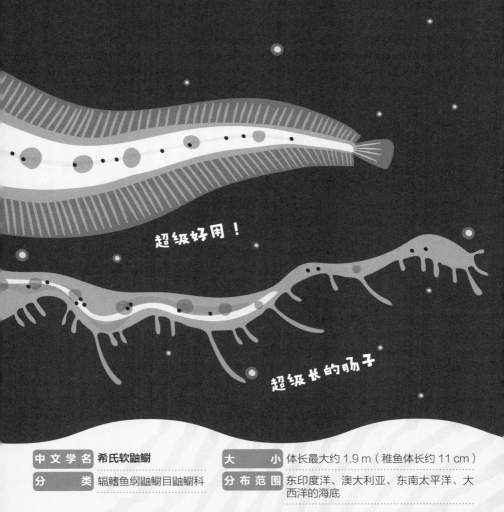

超级好用！

超级长的肠子

| 中文学名 | 希氏软鼬鳚 | 大 小 | 体长最大约 1.9 m（稚鱼体长约 11 cm） |
|---|---|---|---|
| 分 类 | 辐鳍鱼纲鼬鳚目鼬鳚科 | 分布范围 | 东印度洋、澳大利亚、东南太平洋、大西洋的海底 |

生物档案

深海鱼当中，有些鱼类的稚鱼游动时肠子的一部分会拖在体外，这部分肠子叫"外肠"，鲽科、康吉鳗科、巨口鱼科等很多鱼类都有外肠。至于它们为什么要把内脏暴露在危险之中，至今还没有明确的答案。不过，科学家对这个问题有各种各样的推测，比如"为了增加表面积，更容易维持浮力""为了提高食物的消化效率""是对水母的拟态""被敌人袭击时，可以像蜥蜴断尾求生一样，让敌人吃掉肠子来逃命"等。

我的身后跟着成群的分身

海洋里有各种各样的忍者，它们有的会隐身术，有的会模仿术，有的会发光术……不过我与它们可有云泥之别。

我可是上级忍者，练就了炉火纯青的分身术，**能制造成百上千的分身，让它们整齐地排成一排，很长很长的一排。**

不过麻烦的是，我不知道怎么把分身变回去。**所以我只能拖着所有分身在海里游动，**吃饭也要和分身们一起。虽然这样很显眼，不过没关系，**毕竟我的分身术不是为了保护自己，而是为了繁衍后代。**

98

忍术！分身术！

| 中文学名 | 大刺纽鳃樽 | 大小 | 单个克隆体体长 20 cm |
|---|---|---|---|
| 分类 | 樽海鞘纲海樽目海樽科 | 分布范围 | 全世界远海海域，在日本分布于本州岛的太平洋沿岸 |

生物档案

　　大刺纽鳃樽是深海里常见的一种海樽，虽然长得像水母，**但与海鞘亲缘关系更近**。我曾经在采集中遇到过大型大刺纽鳃樽，意外的是它们摸上去像硬塑料瓶。大刺纽鳃樽的繁殖方式十分令人吃惊。**一只大刺纽鳃樽可以通过无性繁殖产生一系列克隆体**，这些克隆体可以连成长达数米的蛇形克隆链，然后**克隆体会分成雄性和雌性进行有性繁殖**。大刺纽鳃樽就是通过重复以上过程来繁衍后代的。

# 俪虾

奇特程度

> 婚姻果然是人生的坟墓啊！

长大以后，我一直被囚禁在这里

| 中文学名 | 俪虾 | 大 小 | 体长2 cm |
|---|---|---|---|
| 分 类 | 软甲纲十足目俪虾科 | 分布范围 | 日本相模湾以南的太平洋沿岸以及菲律宾周围海域的沙质海底 |

"无论健康还是疾病，你都愿意爱着新娘直到永远吗？"

"我愿意。毕竟我这辈子都没法离开这个家，也只能和她一起过了。"

"无论富有还是贫穷，你都愿意爱着新郎直到永远吗？"

"我愿意。我们家都谈不上贫穷或富有，毕竟每天都会有食物送上门来，根本不用担心温饱问题。"

"朋友们，让我们用热烈的掌声，欢送新郎新娘退场！"

"都说了我们这辈子都没法离开这里！"

**生物档案**

**俪虾生活在一种名为"偕老同穴"*** 的圆筒形海绵的体内，这种海绵具有硅质网状骨骼结构。俪虾幼年时期进入偕老同穴体内，长大以后就出不来了。进入同一只偕老同穴体内的俪虾只有两只，且最初性别没有分化。随着成长，它们会分别变成雄性和雌性，并在里面繁殖。它们在偕老同穴体内既不会被敌人袭击，还可以吃到挂在网上的浮游生物，不用担心温饱问题，这对它们来说大概是十分宜居的环境吧。

＊ 偕老同穴的意思是一起生活，一起老去，死后同葬一个墓穴。

# 冠海马

奇特程度 🐟🐟🐟

不可思议，我的爸爸竟然会怀孕

宝宝乖，爸爸会保护你的！

啊，宝宝动了！

| | | | |
|---|---|---|---|
| **中文学名** | 冠海马 | **大 小** | 高约 10 cm |
| **分 类** | 辐鳍鱼纲刺鱼目海龙科 | **分布范围** | 日本青森县至九州、朝鲜半岛、中国黄海海域沿岸的海藻场 |

啊，刚刚肚子好像动了一下。宝宝乖，你要健健康康的，我们马上就能见面了，亲爱的宝贝。

最近我的腹部已经高高隆起了。别的鱼见了我都会道一声："恭喜你，要当爸爸了。"我好开心啊。

虽然我也很想轻轻抚摸我的腹部，但我够不到腹部，只能每天都跟肚子里的小宝宝说说话。

听得到我说话吗？我的孩子们。**我是你们的爸爸。不是妈妈哟。真希望快点儿见到你们。我这个超级奶爸期待着你们的降生呢。**

**"海马爸爸会怀孕"**这一点可以说与人类完全相反。**雄性海马的腹部有腹囊（育儿袋）**，雌性海马会将卵子排到腹囊里。雄性海马会守护受精卵直到宝宝出生。海马的腹囊里有褶皱，所以表面积比看上去要大，可以将受精卵安全地包裹在里面。**冠海马一次可以生几十到几百个宝宝。**宝宝出生时形态和父母一样，它们会马上缠绕在海藻上，开始吃浮游生物等。

# 变奇特 翠绿巨幕海牛

奇特程度

啊——

我的嘴巴虽大，但不擅长捕猎

咪！

　　咦，怎么又让猎物逃走了啊？真是太可惜了！**我虽然长了一张大嘴，可行动却很缓慢。**我捕猎的时候总是蹑手蹑脚，生怕被猎物发现。不过，当我一下子张开大嘴，就会被猎物发现，然后猎物就会逃走。

　　太好了！有一只黑褐新糠虾跑到我嘴里来了！这次一定要一口吞下它。哎呀，它竟然从我嘴巴的缝隙里逃走了！**我抿嘴的时候它顺着水跑出去了**。没关系，再来一次。

　　太好了！逮到一只虾虎鱼！别……你不要在我嘴里跳来跳去啊！

哎呀，让它逃走了！

成功逃脱！

| 中 文 学 名 | 翠绿巨幕海牛 | 大　　小 | 体长 10 cm |
| --- | --- | --- | --- |
| 分　　类 | 腹足纲裸鳃目巨幕科 | 分 布 范 围 | 日本青森县至九州、印度洋－西太平洋海域的岩礁区 |

生物档案

　　翠绿巨幕海牛的脸上长着像鼓起的头巾一样的嘴，背上长着像炸春卷一样的突起，形态十分奇特。它们平时会在海藻场或岩石较多的地方爬行，有时也会扭动身体游泳。它们会张开大嘴如同撒网一样捕食小鱼小虾。为了不让猎物逃走，它们合上嘴巴的时候，嘴巴周围会伸出触手一样的东西。虽然这是翠绿巨幕海牛为了捕猎而进化出的功能，不过据观察，大多数时候猎物还是会溜走。真让人忍俊不禁。

## 哈氏异康吉鳗

奇特程度

我们的身体会缠绕在一起

啊……
他们又开始吵了……

小花：**喂，我说你呢！不要在离我这么近的地方挖巢穴啊。**一直在我眼前晃来晃去的，很碍眼啊！

小芳：我还没说你呢！我本来就是住在这里的，倒是你，别来抢我的地盘和食物啊！

小花：**这里的水流最好了！你快到我的下游去！**

小芳：为什么我要让着你啊！你再不走远点儿，我可要跟你拼命了！

小花：你才应该离我远点儿呢！

小芳：**怎么回事，我们的身体怎么缠在一起了？！**这样不是靠得更近了吗？你还不快想想办法！

106

| 中文学名 | 哈氏异康吉鳗 | 大 小 | 全长最大 40 cm |
|---|---|---|---|
| 分 类 | 辐鳍鱼纲鳗鲡目康吉鳗科 | 分布范围 | 日本静冈县和高知县、琉球群岛、印度洋－西太平洋海域珊瑚礁区的沙质海底 |

**生物档案**　　　哈氏异康吉鳗通常只有上半身露在沙子外面，很少能见到它们全身露在外面的样子。由于这种有趣的姿态，它们在水族馆里人气很高。我们经常看到它们面朝同一个方向，这是为了方便捕食从上游漂过来的浮游生物。这种捕食方式还真是省力。它们在捕食时会稍稍伸长脖子，有时身体会和旁边的个体缠在一起。不过，**它们只用上半身和"邻居"吵架的样子也很可爱。**

我喜欢用贝壳装饰螺壳

一直偷双壳贝类的壳已经有些烦了……

我是"怪盗"缀壳螺。我在深海底部四处行窃，是传说中的"超级神偷"。我偷贝壳可谓用心良苦。**我会将偷来的贝壳粘在自己的壳上，这样既不容易被人发现我的真面目，又能强化我的护具。**

不过，我这个"怪盗"偷东西也是有讲究的。**我就只偷双壳贝类的壳，**我的同伴有的只偷螺类的壳和小石子。**更有甚者，无论是珊瑚还是鲨鱼的牙齿，只要是掉在地上的东西，什么都偷。**

不过，有时我们自己也会被偷走。偷走我们的就是人类，他们会把我们的壳当作装饰品。在作恶这方面也是人外有人啊。

108

海螺好像也不错嘛……

| | | | |
|---|---|---|---|
| **中文学名** | 缀壳螺 | **大　　小** | 壳宽约 10 cm |
| **分　　类** | 腹足纲玉黍螺形目缀壳螺科 | **分布范围** | 日本东北地区以南海域的沙质海底 |

**生物档案**　　缀壳螺就像一件精美的现代艺术品，**它们因壳上粘着其他贝壳或碎石而得名**。它们往自己壳上粘其他东西的原因尚不明确，针对这个问题出现了"为了伪装自己""为了加固自己的壳""为了不陷入泥里"等种种推测。有趣的是，不同的个体偏好不同，在壳上粘的东西也有差异。**通过分析缀壳螺壳上粘的贝壳，可以得知深海贝类的分布情况，还有可能发现新的藻类，所以缀壳螺也是重要的研究对象。**

# 第3章 变奇特

## 六斑刺鲀

奇特程度

我身上的刺
可没你想的那么多

300
.........
331
332
333

| 中文学名 | 六斑刺鲀 |
| --- | --- |
| 分　　类 | 辐鳍鱼纲鲀形目刺鲀科 |

| 大　　小 | 全长最大 50 cm |
| --- | --- |
| 分布范围 | 全世界热带至温带海域的珊瑚礁及岩礁区，在日本分布于北海道至琉球群岛 |

喂，你们给我认真数啊！

我身上的刺一定有1000根吧？咦，竟然没有吗？

怎么回事，我身上的刺竟然不到 1000 根*？

**之前我还吹嘘自己身上有 1000 根刺，这样岂不是名不副实？** 你们可要认真数啊。

……你们没有偷偷把我的刺拔掉吧？竟然真的不到 1000 根，真是丢脸啊。不行，再给我数一遍！……什么？你说多少根？怎么比上一遍还要少！算了，不用太精确，四舍五入就算有 1000 根吧。不对，就算是四舍五入，我的刺也没到 500 根啊。

**生物档案**

六斑刺鲀生气的时候就会喝很多水，让身体鼓起来，让全身的刺竖起来。它们的刺看上去好像有上千根。不过，我曾经拿朋友做的六斑刺鲀的剥制标本认真数过，每数一根就做一个标记，结果发现六斑刺鲀身上有 333 根刺。**其他的研究也表明，虽然个体之间有差异，但大多数六斑刺鲀身上的刺只有 350 根左右，远不到 1000 根。**

* 六斑刺鲀在日本被叫作"针千根"。

# 筐蛇尾

奇特程度 🐟🐟🐟

我长得像海藻，实际是蛇尾

听我说，我的名字叫筐蛇尾。

**我**可不是海藻，我属于蛇尾类，是如假包换的动物。

我可不是宇宙的入侵者，我的家在海底。

我可不是美杜莎，这些卷曲的枝状物可不是我的头发，而是我的腕足。

我可不是山上的蕨菜，你可不要把我的腕前面卷曲起来的地方拉开。

**我的腕上有分支是为了更有效地捕食浮游生物。**

**你记住我的名字了吗？我叫筐蛇尾。**

| 中文学名 | 筐蛇尾 | | 大　　小 | 体盘直径 6.5 cm |
| --- | --- | --- | --- | --- |
| 分　　类 | 蛇尾纲蜿蛇尾目筐蛇尾科 | | 分布范围 | 日本相模湾以西的太平洋沿岸 |

**生物档案**

　　筐蛇尾在岩石上将腕展开一动不动的样子酷似海藻，但其实它们是**蛇尾纲的动物**。筐蛇尾的身体看上去乱蓬蓬的，分不清各个部位在哪里。其实**它们的腕从根部分成了 5 条**，身体中央的部分叫体盘。筐蛇尾的腕上有很多分支，可以像网一样捕食浮游生物。光线充足时它们会团成一团，光线昏暗时它们会伸开腕移动，速度快得令人惊讶。平时它们栖息在海底，不过有时候会在晚上出现在渔港。

第3章
变奇特

# 眼斑雪冰鱼

奇特等级

在0℃以下我也不会被冻僵

别在意。

没错，我的名字叫眼斑雪冰鱼。为什么人们给我取了这样一个名字呢？**是因为我住在冰冷的海水里？还是因为我的血液像冰一样透明？**

其实这个名字还不能反映我最突出的特征，我希望有一个更符合我特征的名字。**因为我即使在0℃以下的南极冰海里，也不会被冻僵。**因此，我才不是什么"冰鱼"，应该叫我"不冰鱼"才对……

你好像有别的想法。让我来融化你冰冷的心吧，我说过我绝对不会被冻僵的。你怎么不说话？心又是什么呢？

114

我明明不会被冻僵，
为什么叫我"冰鱼"呢？

| 中文学名 | 眼斑雪冰鱼 | 大　　小 | 全长最大 52 cm |
|---|---|---|---|
| 分　　类 | 辐鳍鱼纲鲈形目冰鱼科 | 分布范围 | 南大洋海底 |

　　脊椎动物的血液一般为红色，这是因为血液里有负责将氧气输送到全身的血红蛋白。**但冰鱼没有血红蛋白，所以它们的血液是透明的。**冰鱼的体液（血浆）能够溶解氧气，从而将氧气输送到全身。之所以能做到这一点，正是因为它们住在冰冷的海里。温度越低，气体就越容易溶解在液体中，因此它们适合生活在寒冷的环境中。**而且冰鱼的血浆里有抗冻蛋白质，即使在 0℃ 以下也不会被冻结。**

# 花身鯻

奇特程度

我虽然是鱼，但能发出古琴的声音

| 中 文 学 名 | 花身鯻 |
|---|---|
| 分　　类 | 辐鳍鱼纲鲈形目鯻科 |

| 大　　小 | 全长最大 36 cm |
|---|---|
| 分 布 范 围 | 日本北海道至琉球群岛、印度洋－西太平洋沿岸海域至汽水域* |

\* 汽水域指盐度介于淡水与海水之间的水域，多见于河海交汇处。——编者注

116

古琴是很高雅的乐器，所以在介绍我的时候，一定要心怀敬意，不可怠慢。如果你也想演奏出美妙的音乐，那就要敬重我，认真听我的每一句话，还要勤于练习。

好，接下来我给你做个示范，你可要听好啦。（咕、咕……）

你不要抱怨啊！**你说这根本不是古琴，这只是鱼鳔，用这个根本没法演奏出美妙的音乐？**那你倒是给我一个更好的乐器啊！

**大家一起来演奏吧！**

有的鱼会发出声音，**更准确地说，是通过鱼鳔\*发出声音。**比如第 1 章里介绍的棘绿鳍鱼（第 14 页），还有包括花身鯻在内的鯻科鱼类都能发出声音。**通过发声肌收缩使鱼鳔振动，花身鯻可以发出"咕咕"的声音，用来警戒或威吓敌人。**这种声音其实并不像古琴声那样美妙。

---

\* 鱼鳔是硬骨鱼类拥有的填充着气体的囊状器官，可以通过调节里面气体的量来控制身体浮力。

# 欧氏尖吻鲨

奇特程度

我只有吃饭的时候下颌才会伸出来

平时我是这样的……

啊，我是不是吓到你了？

哇——

咔吧咔吧

啊……你别哭啊。我吓到你了吧？对不起。唉，又搞砸了。我只是想和小朋友一起玩，可是大家看到我吃饭时的样子，就都吓哭了。

可是我也没有办法啊，**每到吃饭的时候，我的下颌就会无意识地伸出来，令我看起来面目狰狞。**其实我并不是突然生气了想打架，也不是被恶魔附身了，**只是因为我游得很慢，为了不让猎物逃走，嘴巴才进化成了这样。**

我平时是很和蔼可亲的，这才是我真实的一面。所以不要害怕，来和我一起玩吧！

对不起，我也没有办法啊……

| 中文学名 | 欧氏尖吻鲨 | 大　　小 | 全长最大大约 6.2 m |
|---|---|---|---|
| 分　　类 | 软骨鱼纲鼠鲨目尖吻鲨科 | 分布范围 | 日本千叶县至九州、澳大利亚、南非等地的深海 |

**生物档案**　　欧氏尖吻鲨像刮刀一样狭长的脸上有一对圆圆的眼睛，样貌十分可爱。可是它们捕食时就会变得面目狰狞。**它们会快速向前伸出独有的下颌来捕食，下颌的移动速度为每秒 3.14 米，是鱼类中最快的。**前面介绍过的裸海蝶（第 2 页）捕食时也会突然变得很凶猛，却被冠以"冰海天使"的美称，而欧氏尖吻鲨的别名是"哥布林鲨"（哥布林是西方民间传说中的妖怪）。如果欧氏尖吻鲨知道了人们的这种差别对待，肯定会生气吧。

# 巴西达摩鲨

奇特等级 🐟🐟🐟

## 我会在猎物身上挖一个圆圆的洞

被咬了一口以后·

咔吧咔吧

快看我排列整齐的牙齿，就像娴熟的工匠精心打造的锯子一样。无论对方的身体有多大，我都能用我引以为傲的牙齿咬掉它身上的肉。

看仔细啊，我要去咬那头巨大的鲸鱼了！（转）嗯，吃饱了。怎么了？我已经吃完了啊。不知道你在期待些什么，**我只是一条小型鲨鱼，**怎么吃得下整头巨鲸呢？**咬一口就足够了，**这样我也吃饱了，被我咬到的大鲸鱼也不会死。

**我不但没有置猎物于死地，还在猎物身上留下了美丽的圆形痕迹，真是便宜它们了。**

看我引以为傲的牙齿！

转

| 中 文 学 名 | 巴西达摩鲨 | 大　　　小 | 全长最大 56 cm |
|---|---|---|---|
| 分　　　类 | 软骨鱼纲角鲨目铠鲨科 | 分 布 范 围 | 全世界温带至热带海域的大洋表层至深海，在日本分布于茨城县至琉球群岛 |

生物
档案

　　整齐排列的牙齿是巴西达摩鲨的一大特征。大多数鲨鱼会捕食比自己小的生物，但巴西达摩鲨与众不同。它们会用吸盘一样的嘴吸附在鲸鱼或金枪鱼等大型猎物的体表，用牙齿咬住猎物，通过转动身体，**整齐地挖下猎物的一大块肉，**在猎物身上留下直径约为 5 cm 的圆形伤痕。被巴西达摩鲨咬伤虽不致命，但伤口会一直留在猎物的身上。

121

# 蒲氏黏盲鳗

奇特等级 🐟 🐟 🐟

我会用黏糊糊的黏液发动攻击

喂，是你在妨碍我工作吗？看我用黏液把你弄得黏黏的！

黏

黏

黏

您好！我是海底的清洁工，我来清扫鲸鱼的残骸了。

没关系的，不管工作日还是周末，只要您有需求，随时都可以找我来清扫。我做清洁工作可是全年无休的。**如果我们休假，海底就都是腐烂的残骸了。**

喂，不要妨碍我工作！**如果我生气了，可是会分泌很多黏液的。**我明明是来做清洁工作的，反而被黏液弄得更脏了，这算怎么回事儿?!

**我曾经在工作的时侯被鲨鱼袭击过，这时黏液就是我用来击退敌人的武器。**

| 中 文 学 名 | 蒲氏黏盲鳗 | 大　　　小 | 全长最大 60 cm |
|---|---|---|---|
| 分　　　类 | 盲鳗纲盲鳗目盲鳗科 | 分 布 范 围 | 日本宫城县至九州、朝鲜半岛、中国的泥沙质海底 |

**生物档案**

　　蒲氏黏盲鳗会吸附在大型鱼类或鲸鱼的残骸上，将这些动物的内脏吞食干净，所以又被称为"海底的清洁工"。**蒲氏黏盲鳗受到威胁时会分泌大量黏液**，黏液与海水反应后会变成凝胶状。如果把手放进养蒲氏黏盲鳗的水槽里搅动，再把手拿出来，手指就会粘在一起，像蹼一样。当蒲氏黏盲鳗遭到敌人攻击时，**它们的黏液可以堵住对方的鳃使其无法呼吸**。蒲氏黏盲鳗也为我们的生活做了不少贡献，它们的黏液中富含的纤维被用于开发新型材料，它们的皮做成的皮包和钱包在韩国等地很受欢迎。

123

# 尖棘髭八角鱼 *

奇特程度

是你……
我们又见面了……

我在日本被称作『熊谷鱼』

是你……即使到了深海，你还是出现在了我的面前……还有，你为什么穿着这么华丽的服装？**我身着朴素的褐色铠甲，你却身着鲜艳的红色铠甲。**这不是和我们当初交战的时候一样吗？

那时你曾对我说："他日于极乐世界再次相会时，你我别再分敌友，一同化作莲花吧。"

**虽然现在我们确实是相同的样子，但这和我想的也差太多了。**

你曾是个英俊的少年，果然不管到哪里都希望引人注目。我真是太蠢了，轻信了你的话……

124　　＊ 尖棘髭八角鱼和斑鳍髭八角鱼在日本分别被称作"熊谷鱼"和"敦盛鱼"。

你也变了好多啊……

| 中文学名 | 尖棘髭八角鱼 |
|---|---|
| 分 类 | 辐鳍鱼纲鲉形目八角鱼科 |
| 大 小 | 全长最大 18 cm |
| 分布范围 | 日本兵库县、岩手县以北至鄂霍次克海的岩礁区及泥沙质海底 |

| 中文学名 | 斑鳍髭八角鱼 |
|---|---|
| 分 类 | 辐鳍鱼纲鲉形目八角鱼科 |
| 大 小 | 全长最大 20 cm |
| 分布范围 | 日本富山县、岩手县以北至鄂霍次克海以及中国东海的岩礁区及泥沙质海底 |

**生物档案**

　　尖棘髭八角鱼和斑鳍髭八角鱼的日语名称分别源于日本平安时代源氏的武将熊谷直实和平家年轻武将平敦盛。在一之谷之战中，虽然最终熊谷直实杀死了平敦盛，但在能剧名篇《敦盛》中，有平敦盛在灵魂消失前与熊谷直实相约"将来在极乐世界以相同的样子再会"的一幕。没想到后续故事的舞台竟然在海底！**尖棘髭八角鱼和斑鳍髭八角鱼都属于八角鱼科，体形基本一样，只是颜色不同。**把它们与熊谷直实和平敦盛的故事联系在一起，实在是太妙了。

# 黄头后颌䲁

奇特程度 🐟🐟🐟

## 我的爸爸在嘴里育儿

我漂——

| | | | | |
|---|---|---|---|---|
| 中文学名 | 黄头后颌䲁 | 大　小 | 全长最大 10 cm |
| 分　类 | 辐鳍鱼纲鲈形目后颌鱼科 | 分布范围 | 大西洋西部和中部、美国佛罗里达州至南美海域的沙砾海底 |

126

**啊，是钩虾！**

"看什么看，快走开！我正在育儿，你要是再靠近我就要咬你了。什么？你说我长得像青蛙？你这个家伙真是的，怎么能对我这个大帅哥说这种话呢！"

虽然很想这样反驳，**但是现在我的嘴里装满了卵，没有办法说话。**唉，真遗憾……

**不过，这正是父爱的体现。我发誓要在嘴里养育这些卵，直到它们孵化出来。**

因此，不管你怎么嘲笑我，我都不会还口。再饿我也不会吃任何东西。

**啊，那是我最爱吃的钩虾……先扔掉卵！吃掉钩虾！**

**生物档案**

后颌䲢能灵巧地搬运小石子来建造自己的巢穴。雌鱼产卵后，雄鱼会在嘴里养育卵，直到卵孵化，**这种鱼叫"口育鱼"。**同为口育鱼的天竺鲷雄鱼在卵孵化前几乎不会进食，但有人观察到，后颌䲢会将卵藏在巢穴深处，然后捕食猎物，吃完后再将卵放回嘴里。这样既能育儿又能高效摄取营养，**只有能够建造巢穴的鱼才有这样的特技。**

   **127**

# 穴口奇棘鱼

奇特等级 🐟🐟🐟

嗖——

幼鱼

锐利的牙齿

我长相平平，没有什么存在感……

成年雄鱼

无论小时候还是长大后，我都像外星生物

　　**你**知道吗？大多数鱼小时候长相都很奇怪，长大后就变正常了。**也有的鱼小时候长得很可爱，长大以后却变得像外星生物。**

　　正如你所见，我小的时候长得像外星生物，长大以后也只不过是变成了另一种外星生物而已 ——**从眼睛甩到身体两侧的怪物，变成了长着尖牙和长胡须的怪物。**不过，我的丈夫既没有尖牙也没有长长的胡须，完全是正常的长相。

成年雌鱼

| 中 文 学 名 | 穴口奇棘鱼 | 大　　小 | 雌鱼体长 50 cm，雄鱼体长 5 cm |
|---|---|---|---|
| 分　　类 | 辐鳍鱼纲巨口鱼目巨口鱼科 | 分 布 范 围 | 日本北海道至土佐湾、小笠原群岛以及北太平洋温带海域的深海 |

**生物档案**

　　穴口奇棘鱼幼鱼的眼睛从身体两侧甩出来的原因至今尚不明确，对此有"为了拓宽视野从而更容易发现猎物""为了保护自己不受敌人伤害"等推测。随着成长，它们的眼睛会逐渐回到身上。雌鱼又长又锐利的尖牙向内扣，可以避免到手的猎物逃走。不管是幼鱼还是成年雌鱼，它们奇怪的长相都是有意义的。**成年雄鱼体形很小，甚至连内脏都不完整，仅仅为了繁殖而生存——这在深海鱼中也很常见。**

129

我也是。

我们家族里不同的鱼
喜欢的出击方向不同

我有一种不祥的预感……

　　**我**是深海的"吹笛人"。童话里不是有个叫哈米伦的吹笛人吗？他吹起笛子时，镇上的孩子都会跟在他身后。

　　我和他恰恰相反，我会跟在别的鱼身后，吃它们的鱼鳞。

　　**我们家族里不同的鱼喜欢的出击方向不同，像我就是右撇子。我会在其他鱼的左侧把我的嘴歪向右侧剥掉它们的鱼鳞。**我体形小，游得也不快，所以只能悄悄跟在别的鱼身后。什么？你说这是跟踪狂行为？那我应该就是跟踪狂吧。

130

| 中文学名 | 尤氏拟管吻鲀 | 大 小 | 体长最大 16.5 cm |
| 分　类 | 辐鳍鱼纲鲀形目拟三刺鲀科 | 分布范围 | 日本茨城县至土佐湾以及中国东海、澳大利亚和非洲的深海 |

**生物档案**

　　**拟管吻鲀食性独特，它们会剥下其他鱼的鱼鳞来吃。**就像人分左撇子和右撇子一样，它们当中有的喜欢从左侧出击，有的喜欢从右侧出击，这种现象叫作"分食"。因此，它们的嘴会向左边或右边歪，是很少见的左右不对称的鱼。这种演化过程中出现的个体间的差异，是为了避免在同一个生活空间中争夺食物。

# 叶海龙

奇特程度 🐟🐟🐟

我一直在模仿海藻

我一找我在哪里。找到了吗?

从小父亲就对我说,有志者事竟成。我一直相信父亲的话,不断练习,然后就真的学会变身了。你看。

(我是一株海藻,我是一株海藻……咚!变身成……海藻!)

怎么样?**虽然外表没有变——因为我本来就长得很像海藻,**但长得像海藻和变成海藻还是有很大差别的。长得像是天生的,而能不能变成海藻就要看有没有才华,并不是谁都能做到的。我可是天选之子,是与众不同的。

| 中 文 学 名 | 叶海龙 | 大　　小 | 全长最大 35 cm |
|---|---|---|---|
| 分　　类 | 辐鳍鱼纲刺鱼目海龙科 | 分 布 范 围 | 澳大利亚南部的浅海 |

**生物档案**

　　叶海龙长得很像海藻，**是典型的会拟态的生物。**叶海龙全身都长着海藻状附肢，但游泳时活动的只有背鳍和胸鳍。叶海龙和大多数海马不同，叶海龙不能将尾巴缠在海藻上，只能漂在水中生活。它们生活在澳大利亚南部的浅海，近些年由于水质污染和沿岸开发而数量锐减，**有灭绝的危险。**

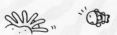

我的内脏有防抖功能

就像这样！

　　**人**类的科技终于追上了我的步伐，我都等了好久了。我很久之前就有最尖端的防抖功能了 ——**不管身体是什么姿势，我的内脏都是直立的。**

　　人类为了让拍出的照片更好看，花了很长时间才开发出具有防抖功能的相机。而我的防抖功能可是关乎性命的。**如果我的内脏不小心变歪了，就会投下阴影，这样敌人马上就会发现我并把我吃掉。**人类在拍照的时候，也要像我一样有紧张感才行啊！千万别手抖！

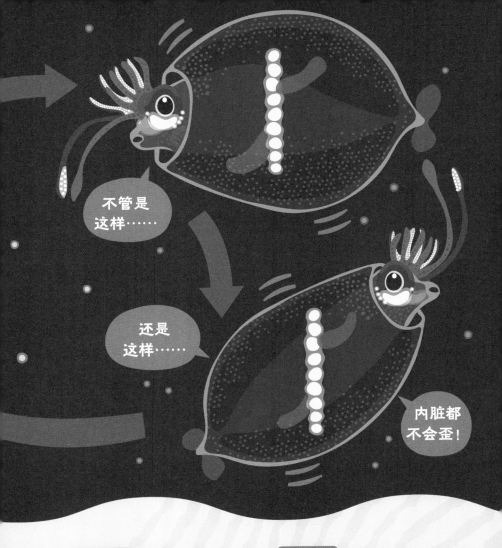

| 中 文 学 名 | 小头乌贼 | 大　　　小 | 外套膜长 18 cm |
| --- | --- | --- | --- |
| 分　　　类 | 头足纲管鱿目小头乌贼科 | 分 布 范 围 | 全世界的温带海域 |

**生物档案**

　　小头乌贼的身体完全透明，只有内脏不透明，**这是为了防止吃掉的发光生物的光漏到外面**。但是细长的内脏在微弱的太阳光下还是会投下影子。为了不被敌人发现，**它们会一直保持内脏与海面垂直，尽量不留下影子。小头乌贼的这种构造就像相机的防抖装置一样令人惊叹。

135

你好，你也是来这里野餐的吗？哦，你是从大海里来的呀。你身上是银色的，体形又很大，真漂亮。**我以前和姐姐一起来这附近玩的时候，不小心走散了，从那以后我就再也没见过姐姐……**现在我住在河的上游，可我还是会时常来这个河口追忆姐姐。

欸？你也是在这里和妹妹走散的？是去年春天走散的？难道……**你就是我的姐姐？不会吧！你变得我都完全认不出来了。**没想到我们还能再见面！我们又可以一起在河里生活啦。

# 感人的重逢！

| 中文学名 | 马苏大麻哈鱼（陆封型） |
|---|---|
| 分　类 | 辐鳍鱼纲鲑形目鲑科 |
| 大　小 | 全长最大约 30 cm |
| 分布范围 | 日本北海道至九州、朝鲜半岛的河流 |

| 中文学名 | 马苏大麻哈鱼（降海型） |
|---|---|
| 分　类 | 辐鳍鱼纲鲑形目鲑科 |
| 大　小 | 全长最大约 80 cm |
| 分布范围 | 日本北海道至九州、朝鲜半岛的河流和海洋以及鄂霍次克海 |

**生物档案**　　同是马苏大麻哈鱼，在海里长大的鱼和在河里长大的鱼，不管是体形、样貌还是身上的斑纹都不同。从河里转移到海里生活的马苏大麻哈鱼会褪去幼鱼时期的大斑纹，体色变成银色，全长最大近 80 cm，被称作"降海型"。而一生都生活在河里的马苏大麻哈鱼，长大后斑纹也不会消失，全长最大也仅有 30 cm 左右，被称作"陆封型"。降海型马苏大麻哈鱼的雌鱼会在春天回到故乡的河流产卵，然后在那里度过余生。

让环游水族馆
变得更快乐!

**特别任务**

## 海洋生物探索学习页

**任务 1** 去水族馆或海边寻找书里出现的生物吧，找到了就给相应的图片涂上颜色，制作只属于你的观察记录吧!

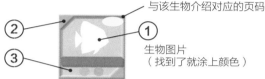

与该生物介绍对应的页码

② ①

③

生物图片
（找到了就涂上颜色）

② 发现难度
N 普通：在水族馆和海里很常见。
R 稀有：有时能在水族馆和海里见到。
SR 超级稀有：幸运的话能在海钓、潜水时或水族馆的特别展览中见到。
UR 极其稀有：超级幸运的话，能在参观博物馆或研究机构时见到标本。

③ 有可能发现它们的地点和方法

水 水族馆 　　市 市场、海鲜店
潜 水肺潜水、浮潜 岸 岸壁采集
钓 海钓 　　博 博物馆、研究机构（标本）

**任务 2** 每集齐一个发现难度的生物，就能解锁一个成就!

**优秀海洋生物博士**
（集齐发现难度为 N 的 25 种生物）

**超级海洋生物博士**
（集齐发现难度为 N 和 R 的 42 种生物）

**神奇海洋生物博士**
（集齐发现难度为 N、R 和 SR 的 47 种生物）

**传奇海洋生物博士**
（集齐本书中出现的 54 种生物）

来挑战吧!

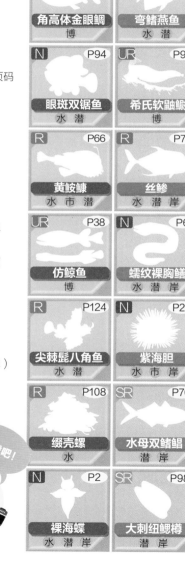

这里列出了本书中出现的所有生物。详细介绍请见对应页码。

| UR P54 | R P52 |
| 角高体金眼鲷 博 | 弯鳍燕鱼 水 潜 |

| N P94 | UR P96 |
| 眼斑双锯鱼 水 潜 | 希氏软䱗鳚 博 |

| R P66 | R P78 |
| 黄鮟鱇 水 市 潜 | 丝鲹 水 潜 岸 |

| UR P38 | N P6 |
| 仿鲸鱼 博 | 蠕纹裸胸鳝 水 潜 岸 |

| R P124 | N P26 |
| 尖棘髭八角鱼 水 潜 | 紫海胆 水 市 岸 |

| R P108 | SR P70 |
| 缀壳螺 水 | 水母双鳍鲳 潜 岸 |

| N P2 | SR P98 |
| 裸海蝶 水 潜 岸 | 大刺纽鳃樽 潜 岸 |

| R P30 | N P122 | N P50 | R P34 | R P74 |
|---|---|---|---|---|
| 真海鞘 | 蒲氏黏盲鳗 | 黑背蝴蝶鱼 | 日本钩嘴鲷 | 日本锯大眼鲷 |
| 水 市 潜 | 水 | 水 潜 岸 | 水 市 潜 | 水 潜 岸 |
| N P10 | N P80 | N P62 | N P126 | SR P114 |
| 翻车鲀 | 大口管鼻鳝 | 斑胡椒鲷 | 黄头后颌䲢 | 眼斑雪冰鱼 |
| 水 市 潜 | 水 潜 | 水 潜 | 水 潜 | 水 博 |
| N P22 | N P110 | N P106 | N P60 | R P72 |
| 海月水母 | 六斑刺鲀 | 哈氏异康吉鳗 | 侧带拟花鲐 | 黑鞍鳃棘鲈 |
| 水 潜 岸 | 水 潜 岸 | 水 潜 | 水 潜 | 水 潜 钓 |
| SR P118 | R P88 | N P112 | R P18 | N P116 |
| 欧氏尖吻鲨 | 波缘窄尾魟 | 筐蛇尾 | 鳞突拟蝉虾 | 花身鯻 |
| 水 钓 博 | 水 潜 | 水 潜 岸 | 水 市 潜 | 水 岸 钓 |
| UR P128 | UR P130 | N P64 | N P102 | R P56 |
| 穴口奇棘鱼 | 尤氏拟管吻鲀 | 单角鼻鱼 | 冠海马 | 金黄突额隆头鱼 |
| 博 | 博 | 水 潜 岸 | 水 潜 岸 | 水 潜 岸 |
| N P68 | UR P134 | R P100 | R P46 | R P82 |
| 粒突箱鲀 | 小头乌贼 | 俪虾 | 主刺盖鱼 | 褐拟鳞鲀 |
| 水 潜 岸 | 博 | 水 | 水 潜 | 水 潜 钓 |
| R P104 | N P14 | R P76 | UR P120 | N P136 |
| 翠绿巨幕海牛 | 棘绿鳍鱼 | 多氏须唇飞鱼 | 巴西达摩鲨 | 马苏大麻哈鱼 |
| 水 潜 岸 | 水 市 潜 | 市 岸 钓 | 博 | 水 市 钓 |
| R P132 | SR P84 | N P86 | N P48 | R P58 |
| 叶海龙 | 长棘毛唇隆头鱼 | 豹纹鲨 | 雀鱼 | 鱀鳅 |
| 水 潜 | 潜 钓 | 水 潜 | 水 潜 岸 | 水 市 钓 |

139

# 结　语

　　从本书中一睹海洋生物不可思议的世界后，你感觉怎么样？了解了这些生物的内心世界后，你是不是感觉和它们之间的距离更近了呢？

　　读完本书后，不妨去水族馆会一会这些神奇的生物，近距离感受一下它们的魅力。

　　水族馆的水族箱模拟了"海洋居民"的生活环境，你可以在那里观察到生物之间的关系。水族馆也是广阔海底世界的缩影，你可以在那里发现许多书里没有的生物。

　　本书介绍的生物的独特生态故事，不仅展现了生物个体的成长过程，也展现了种群代代相传的生命历史。这些生物经过了漫长的演化才有了如今的形态，透过它们的形态，我们也能领略它们令人惊叹的成长和演化旅程。

　每一个生命都讲述了一段独属于自己的生命故事，希望本书能为你和各种生物的邂逅提供契机。

　最后，请允许我向在创作过程中给予我莫大帮助的日本世界文化社的大见谢女士、编辑宫本女士、通过插画给了我很多新灵感的插画家友永老师，以及在本书完成过程中鼎力相助的各位朋友表示衷心的感谢。

**铃木香里武**

### 铃木香里武（Suzuki Karibu）

　1992 年 3 月 3 日生。自幼喜爱鱼类，通过和宫泽正之等鱼类学家的交流以及各种亲身体验积累了很多关于鱼类的知识。作为在渔港采集幼鱼的岸壁采集家，他观察并记录了很多生物。他不仅参与了众多科普活动、出演了多档电视节目，还在水族馆兼职，负责展览策划工作。

诚挚感谢海洋生物学博士曾千慧审订本书。

WATASHITACHI, UMI DE HENTAISURUNDESU.

written by Karibu Suzuki, illustrated by Taro Tomonaga

Copyright © Karibu Suzuki, 2019

Illustrations copyright © Taro Tomonaga, 2019

All rights reserved.

Original Japanese edition published by SEKAIBUNKA HOLDINGS INC., Tokyo.

This Simplified Chinese language edition is published by arrangement with

SEKAIBUNKA Publishing Inc., Tokyo in care of Tuttle-Mori Agency, Inc., Tokyo

through Shinwon Agency Co. Beijing Representative Office.

Simplified Chinese translation copyright © 2022 by Beijing Science and Technology

Publishing Co., Ltd.

**著作权合同登记号　图字：01-2022-2272**

**图书在版编目（CIP）数据**

我是谁的孩子？ / （日）铃木香里武著；（日）友永太吕绘；梁夏译 . — 北京：北京
科学技术出版社，2022.9

ISBN 978-7-5714-2352-0

Ⅰ . ①我… Ⅱ . ①铃… ②友… ③梁… Ⅲ . ①海洋生物 – 普及读物 Ⅳ . ① Q178.53–49

中国版本图书馆 CIP 数据核字 (2022) 第 096861 号

| | | |
|---|---|---|
| 策划编辑：岳敏琛 | 电　　话：0086-10-66135495（总编室） | |
| 责任编辑：付改兰 | 　　　　　0086-10-66113227（发行部） | |
| 责任校对：贾　荣 | 网　　址：www.bkydw.cn | |
| 封面设计：沈学成 | 印　　刷：北京宝隆世纪印刷有限公司 | |
| 责任印制：张　宇 | 开　　本：889 mm × 1194 mm　1/32 | |
| 出版人：曾庆宇 | 字　　数：116 千字 | |
| 出版发行：北京科学技术出版社 | 印　　张：4.875 | |
| 社　　址：北京西直门南大街 16 号 | 版　　次：2022 年 9 月第 1 版 | |
| 邮政编码：100035 | 印　　次：2022 年 9 月第 1 次印刷 | |
| ISBN 978-7-5714-2352-0 | | |

定　　价：58.00 元

京科版图书，版权所有，侵权必究。
京科版图书，印装差错，负责退换。